湛庐 CHEERS

与最聪明的人共同进化

HERE COMES EVERYBODY

CHEERS
湛庐

蓝藻猩猩生物学 2

Colleen Belk
Virginia Borden Maier

[美] 科琳·贝尔克 [美] 弗吉尼娅·博登·梅尔 著
李哲 胡珅 刘淑华 译

浙江教育出版社·杭州

这些与生活息息相关的生物学知识，你知道多少？

扫码加入书架
领取阅读激励

扫码获取
全部测试题及答案，
走入生物学的神奇世界

- 所有的物种都起源于一个共同祖先吗？（ ）

  A. 是

  B. 否

- 科学家能够准确地告诉我们地球可以承载多少人吗？（ ）

  A. 能

  B. 否

- 是什么造成了人类种群之间的差异？（ ）

  A. 生活习惯

  B. 自然环境

  C. 祖先差异

  D. 自然选择

扫描左侧二维码查看本书更多测试题

以故事的形式介绍科学，可以激发我们这些非科学专业人士的科学兴趣，启发我们的科学思维。所以讲述科学故事能够促进科学与人文这两个独立的领域的融合。对教育工作者来说，通过讲述科学故事吸引年轻人了解科学知识，这无疑是一种激动人心的尝试与探索。

——

爱德华·威尔逊（Edward O. Wilson）[①]

①自然科学巨擘，社会生物学之父，世界知名的蚂蚁研究专家。其写作生涯中的多部重磅作品《社会性征服地球》《人类存在的意义》《半个地球》《创造的本源》《博物学家》《蚁丘》已由湛庐引进，分别由浙江教育出版社、浙江人民出版社出版。

——编者注

本书含有趣的提问和符合现代研究进展的回答，“学伤”了的读者完全不需要担心。这套“妙趣横生的名校通识课”覆盖“天、地、生”，让你在快乐阅读的同时能收获满满。

刘华杰
北京大学科学传播中心教授

“妙趣横生的名校通识课”是一套由培生出版的经典教材，涵盖生物学、宇宙学和地球科学等多个领域。这套书的内容源自名校的优秀教授妙趣横生的课堂，通过问题引导和科学解答的方式，结合最新的科学发现和案例，帮助读者在探索中提升科学素养，激发对知识的兴趣。这是一套既有趣又充满智慧的通识读物，值得每一位爱好科学的读者细细品读。

苟利军
中国科学院国家天文台研究员
中国科学院大学教授

我常去给各种读者讲恐龙的故事，恐龙是我与他们之间沟通的桥梁。在我看来，这套“妙趣横生的名校通识课”中的一个个问题，也是一座座桥梁，连接起了读者的好奇心与自然世界。不仅如此，这套书还给大家展示了如何寻求问题答案的过程，这对于我们的思维方式养成至关重要。科学的精神包括好奇心、探索力、想象力，希望这套书能带你领略科学之美。

邢立达

青年古生物学者
知名科普作家

“妙趣横生的名校通识课”这套书的内容都取自世界名校杰出教授的课堂，涉及生物学、宇宙学和地球科学等多个领域，这些内容综合在一起，可以帮助读者更全面、更整体地理解世界。

鉴于我独特的成长经历，我对动物，尤其是昆虫有着特别的情感。昆虫是这个地球上当之无愧的王者，具有人类所不及的能力和高超生存智慧。同时我也知道，自然科学知识是现在很多人知识体系中缺失的一部分，而这套书提供了一个起点，可以让读者通过探究书中的问题和答案，填补知识空缺，了解自己周边的自然世界，汲取自然的“大智慧”。

陈睿

国内权威自然科普作家
科学教育专家

BIOLOGY
SCIENCE
FOR LIFE
目录

第二部分 生态

BIOLOGY

SCIENCE FOR LIFE

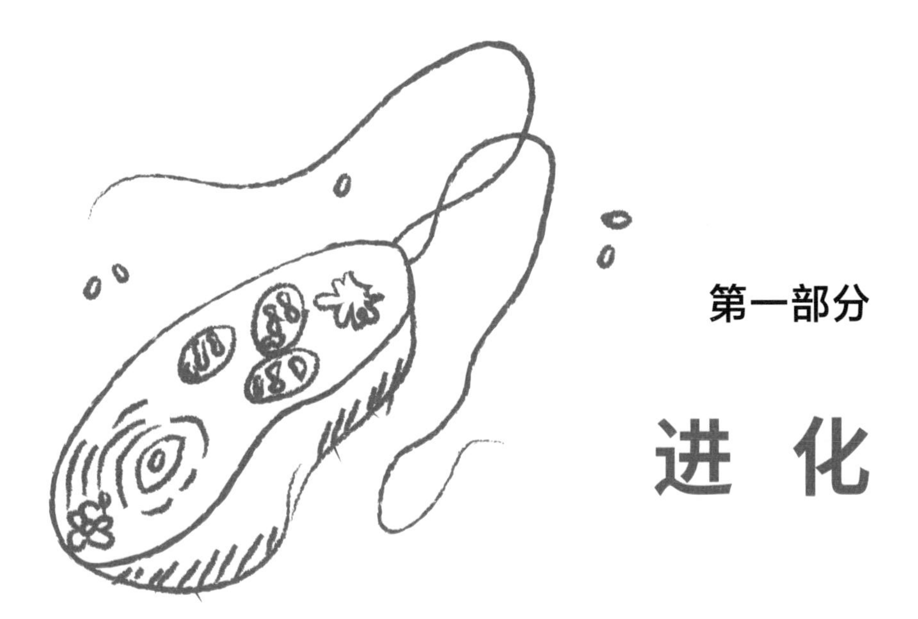

第一部分

进 化

BIOLOGY

SCIENCE FOR LIFE

01

人类是由什么进化而来的？

妙趣横生的生物学课堂

- 灭虱洗发水如何让头虱完成进化？
- 达尔文是怎么提出进化论的？
- 所有物种都源于一个共同祖先吗？

掌心向内，将拇指和小指的指尖紧紧地捏在一起，然后将手腕向你身体的方向弯曲，此时低头观察前臂内侧，大约 90% 的人会在手腕上看到一道凸起。这道凸起是一块被称为掌长肌的小肌肉的肌腱，这块肌肉在一定程度上有助于人类用手掌抓握物体。

迄今为止，掌长肌是人类物种中变化最大的肌肉之一。对那 10% 看不到这道凸起的人来说，他们的这块肌肉可能已经完全退化。但值得一提的是，有掌长肌和无掌长肌的人在手部功能或手腕力量方面并没有明显的差别。为什么手臂肌肉的缺失不会造成任何显著影响？我们对此如何解释呢？

对于那些用双臂吊荡树枝、摆动着前进的动物来说，掌长肌是一块重要的肌肉。有了掌长肌，动物便可以利用前肢在树木间悬吊、摆动。像这样运动的动物包括猴子、长臂猿和狐猴。人类不以这种方式运动，但是我们许多人的身体结构生来就能帮助我们做到这一点。生物学家解释说，人类几乎不具备功能的掌长肌是进化的产物，这证实了人类和猴子、狐猴之间的关系，也表明发达的掌长肌没有给人类带来任何优势，因此这块肌肉正在逐渐退化。

如果一个人认同这种对掌长肌缺失的解释的话，那就意味着他认同人类是“经过数百万年从较低级的生命形式进化而来”的观点。这是一项定期进行的民意调查中的一个问题，在美国，只有 35% 的被调查者对此表示认同。在同一民意调查的最新版本中，有 47% 的受访者同意以下说法："在过去 1 万年中，人类把自己塑造成了他们现在的样子。"换句话说，近一半的被调查者信奉神创论。

对于生物学家来说，这些民意调查结果非常不可思议。进化论，包括人类从非人类祖先进化而来的理论，构成了生物科学的基石。该理论不仅有效地解释了人类掌长肌的差异，而且直观地证明了基因从一种生物转移到另一种生物的能力。绝大部分科学家都认同这样一种说法：人类是通过自然过程进化而来的。在本章中，我们将通过对进化论和人类起源相关问题的探讨，来消除这场科学争议。

Q1 灭虱洗发水如何让头虱完成进化？

对生物学家来说，进化有两个不同的含义。这个术语既可以指一种过程，也可以指一种组织原则，就是一种理论。我们将看到，它在科学术语中的定义与它在日常用语中的含义是不同的。

进化的过程

有关生物进化过程，一个典型的例子就是通常被称为头虱的生物种群。美国的一些头虱种群已经对杀虫剂氯菊酯产生了耐药性，非处方药灭虱洗发水中就存在这种物质。在过去的几十年里，通过使用这些洗发产品，头虱感染很容易得到控制。然而，随着时间的推移，头虱种群逐渐进化得越来越不容易受到这些化学物质的影响。与食物摄入量增加导致女性衣服尺寸变化的例子不同，头虱对氯菊酯敏感性的变化是由基因变化造成的。对杀虫剂耐药性的进化可能发生得非常迅速，以色列的一项研究表明，在以色列引入杀虫剂氯菊酯仅 30 个月后，即繁衍 40 代头虱的时间，头虱种群对氯菊酯的敏感性降低至原来的 1/4。注意，在这个例子中，并不是头虱个体发生了进化或改变，真正的原因在于整个头虱种群的变化：从一个大多数头虱对杀虫剂敏感的种群，变成了一个大多数头虱对杀虫剂有耐药性的种群。

头虱种群中的个体对氯菊酯的耐药性的差异是由遗传变异引起的。一些虱子携带着具有耐药性的基因变异，即等位基因，而另一些虱子携带着不具有耐药性的等位基因。具有耐药性等位基因的个体在经过氯菊酯处理后存活了下来，它们将这些耐药性等位基因传给了后代。结果，一个主要由携带对氯菊酯敏感等位基因的头虱组成的种群，变成了由大多数携带耐药性等位基因的头虱组成的种群。这种种群特征的变化在几代后才能实现。

从进化作为一个过程的定义来看，虱子种群已经完成了进化。在这种情况下，自然选择的过程，即种群中个体差异化的生存和繁殖，带来了进化性变化。自然选择是种群适应环境变化的过程。包括偶然因素在内的其他力量，也能导致种群基因组成的变化。

大多数人认为种群的性状是可以进化的。研究已多次发现生物种群的进化性变化，比如昆虫对杀虫剂的耐药性和细菌对抗生素的耐药性的演变。生物种群中发生的变化被称为微观进化。致使新物种起源的微观进化的积累结果被称为宏观进化。

一般来说，"进化"一词用来表示"变化"，而进化的过程反映了这个定义，因为它发生于生物种群中。生物种群是指在某种程度上独立于其他种群的同一物种个体集群，它们通常由于地理原因而与其他种群隔离开来。相应地，生物进化是生物种群在世代之间发生的特征变化。属于进化的种群变化是那些能通过基因由亲代传给后代的变化。

仅仅由于环境的短期变化造成的种群变化不属于进化。例如，在过去的50年里，美国女性衣服的平均尺寸从8号增加到14号。这种变化不是因遗传而来的，而是由于人们的卡路里摄入量的普遍增加而产生的。因此，它不属于进化性变化。

进化论

进化论是理解物种如何起源的，以及它们为什么具有它们所表现出的各种特征的原理。进化论可以这样表述：

> 今天地球上的所有物种都是一个共同祖先的后代，所有物种都是数百万年微观进化性变化积累的产物。

换句话说，现代动物、植物、真菌、细菌和其他生物是相互关联的。自地球上的生命起源以来，它们通过不同的过程，从共同祖先中分离出来。虽然导致进化的过程，比如自然选择，并不是公众争论的焦点，但进化论中声称所有生命都有一个共同祖先的部分，又称为共同祖先理论（见图 1–1），一直备受关注。这种争论也成了反对达尔文学说的基础。

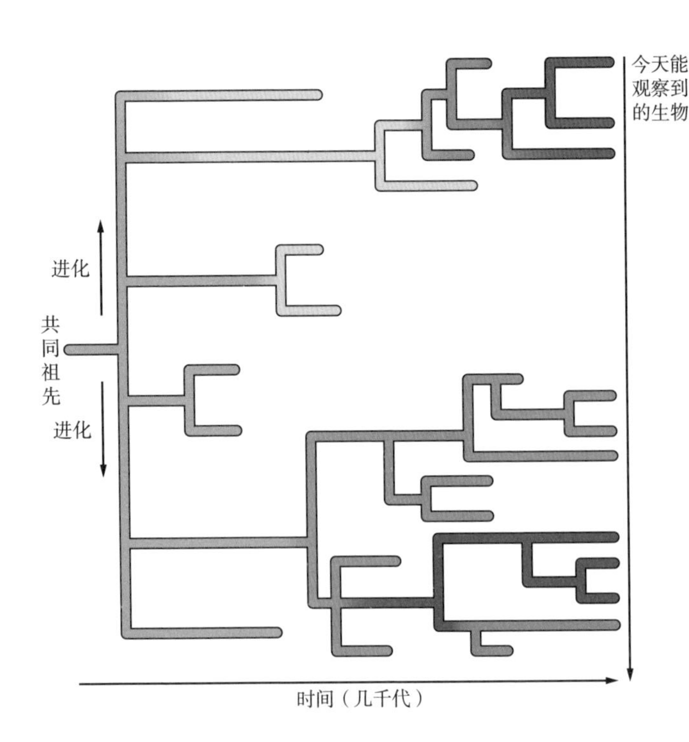

图 1-1　共同祖先理论

注：该理论认为，所有现代生物都起源于一个共同祖先。树形图上的每一个分支点代表着来自一个祖先的新物种的起源。

Q2 达尔文是怎么提出进化论的？

提到进化论，就绕不开查尔斯·达尔文（Charles Darwin）这个名字。进化论有时又被称为“达尔文主义”，人们普遍认为是达尔文把进化论带入了现代科学的主流。然而，达尔文提出进化论的过程并非一蹴而就，而是进行了长达20余年的证据收集。尽管如此，他多年积累的研究成果也差点被别人摘走。

达尔文是家中最小的儿子，他的父亲是一位富有的医生。年轻时期，达尔文一直过着平淡的学生生活。从医学院辍学后，在父亲的敦促下，达尔文进入剑桥大学学习神学。当时，达尔文对大多数课程都不感兴趣，却与学校里的几位科学家建立了良好的友谊，其中一位最亲密的朋友约翰·亨斯洛（John Henslow）教授，是一位很有影响力的植物学家。正是他培养了达尔文对自然世界的强烈好奇心，并帮助达尔文找到了毕业后的第一份工作。1831年，22岁的达尔文乘上小猎犬号，开始了科学考察航行，这次旅程改变了他的一生。

小猎犬号的任务是绘制南美洲海岸和港口的地图，船上还需要一位博物学家，负责“收集、观察和发现博物史上任何值得记载的东西”。在原有的两位人选都拒绝了这一职位之后，亨斯洛引荐达尔文成为小猎犬号贵族船长的无偿助理——博物学者，同时担任其在社交场合随同出席晚餐的同伴。

进化论的早期观点

在达尔文随小猎犬号航行的年代，生物体随时间变化的假设并不是一个新事物。希腊诗人阿那克西曼德（Anaximander，公元前611年—公元前546年）认为，人类是由游到陆地上的鱼进化而来的，他大概是第一个提出此类假设的西方哲学家。

1809 年，也就是达尔文出生的那一年，第一位现代进化论者让·巴蒂斯特·拉马克（Jean Baptiste Lamarck）发表了他的进化论观点。拉马克是第一位明确指出生物体能够适应环境的科学家。他提出，每个物种的所有个体都有一种天生的、内在的追求完美的驱动力，它们可以将自己一生中获得的性状遗传给后代。拉马克试图用这个原理解释涉禽腿部较长的现象，他认为这些涉禽的祖先是为了捕鱼而长出了长腿。拉马克认为，当涉禽涉入深水时，它们会将腿伸展到最长，最终导致双腿逐渐变长。较长的腿这一性状会被遗传给下一代，而下一代会在捕鱼时继续伸展双腿，从而把双腿更长的性状遗传给下一代。

但与拉马克同时代的人并不认同他提出的物种变化机制。例如，我们可以清楚地看到，后天练就健硕肌肉的父亲没有将其高度发达的肌肉遗传给他的孩子。他的孩子的肱二头肌很普通，与银行家的孩子没有太大差异。拉马克的批评者也不愿意质疑另一种更被社会所接受的备择假设，即上帝把地球及地球上的生物体创造成它们现在的样子，它们并没有随着时间而改变。正是这个人们普遍认同的假设，让达尔文在环游世界的航行中产生了质疑。

小猎犬号的航行

在乘坐小猎犬号进行科学考察航行的 5 年里，达尔文大部分时间都待在陆地上，事实证明这是达尔文的幸运，因为他在船上经常晕船。对这个年轻人来说，这次旅行是一次不可思议的觉醒。他对巴西热带雨林的景色感到敬畏，对火地岛寒冷气候中衣着暴露的当地人感到惊讶，对收集到的动植物的多样性感到好奇。

在船上，达尔文有充裕的时间进行阅读，其中包括查尔斯·莱尔（Charles Lyell）的《地质学原理》（*Principles of Geology*）一书。这本书提出了如下假设：如今的地质作用与过去的地质作用没有什么不同，重要的地质特征都是由这些地质力量累积所导致的结果。为了论证这一观点，莱尔提出，深深的峡谷是由河流和溪流在漫长的地质作用过程中对岩石的逐渐侵蚀造成的。莱尔的假设对地球存在不到 1 万年的说法提出了质疑，而“1 万年”是人们根据《圣经》的描述推断出来的。

当小猎犬号航行至加拉帕戈斯群岛时，达尔文在那里受到了强烈的影响。加拉帕戈斯群岛是厄瓜多尔海岸附近的一个小型火山群岛。乍一看，这些岛屿上几乎没有生命，但在小猎犬号到达这里的那个月，达尔文收集到了种类惊人的生物。他观察到许多鸟类和爬行动物似乎都是每个岛屿所独有的。例如，虽然所有岛屿都有陆龟种群，但在一个岛屿上发现的陆龟类型与在其他岛屿上发现的陆龟类型并不相同（见图 1–2）。

（a）拥有丰富地表植被的圣·克鲁斯岛上的圆顶壳陆龟

（b）拥有高大植被的埃斯帕诺拉岛上的扁壳陆龟

图 1-2 加拉帕戈斯群岛上的巨型陆龟

注：加拉帕戈斯群岛上巨型陆龟的亚种所处的生存环境不同，外表看起来也不相同。

达尔文想知道上帝为什么会把各异的陆龟亚种放在一个小群岛的各个岛屿上。回到英国后，达尔文对自己的观察进行了反思，并得出结论：不同岛屿上的陆龟种群一定是由同一个陆龟种群祖先进化而来的。他还注意到，加拉帕戈斯群岛和其最邻近大陆上的物种种群之间也存在着类似的趋异[①]模式。例如，厄瓜多尔大陆上生长的仙人掌通常离地面很近，是我们常见的形态；而在加拉

① 趋异是指具有共同祖先的类群由于适应不同的环境的需要，向着两个或两个以上方向进化的现象。——译者注

帕戈斯群岛上，这些植物都长成树形。但无论是生长在大陆上还是生长在岛上，这两种仙人掌显然有着亲缘关系（见图 1–3）。

（a）生长在南美洲大陆上的仙人掌

（b）生长在加拉帕戈斯群岛上的仙人掌

图 1–3　来自一个共同祖先的趋异现象

注：与加拉帕戈斯群岛的仙人掌相比，南美洲的仙人掌有着与众不同的形态，但它们显然有着共同祖先，相似的肉质茎和花的结构就可以证明这一点。

共同祖先假设的发展

达尔文会定期将自己的观察结果和收集的部分化石通过其他船只带给亨斯洛。因此，小猎犬号尚未返回英国时，达尔文就已经成为小有名气的科学家了。他的航行日记成了畅销作品。回到英国后，他和继承了大笔财产的妻子爱玛过着舒适的生活。达尔文在结束这次航行并发表了他的航行日记后，认真地回顾了自己记录的文字，并意识到他对活的动植物和动植物化石的观察恰好支持共同祖先这一假设。然而，达尔文知道，人们仍然会觉得这个假设过于激进，所以只和几位亲密的朋友分享了他的想法。

达尔文没有马上将他关于进化论的观点发表出来，而是在接下来的20年里继续认真收集证据，进一步发展他的理论。1858年，在收到同行科学家阿尔弗雷德·拉塞尔·华莱士（Alfred Russel Wallace）的来信后，他受到鞭策，决定将自己的想法发表出来。华莱士的信中附有一份手稿，手稿上详细描述了进化性变化的机制，这几乎与达尔文的自然选择理论完全一致。达尔文担心，如果华莱士首先发表了他的观点，那么自己多年的研究成果便可能被忽视。由于这个原因，1858年7月，达尔文将他和华莱士的成果摘录在伦敦的一次科学会议上发表，并在第二年出版了《论依据自然选择即在生存斗争中保存优良族的物种起源》（*On the Origin of Species by Means of Natural Selection or the Preservation of Faroured Races in the Struggle for Life*）（简称《物种起源》）一书。该书用大量篇幅讲述了自然选择假设。但是在《物种起源》的最后几章中，达尔文描述了他所积累的支持共同祖先假设的证据。《物种起源》中列举的证据非常完整，来自生物学的许多不同领域，让共同祖先假设看起来似乎不再是一种尝试性解释。随后，很多科学家开始把这个想法和它的支持证据称为共同祖先理论。今天的大多数生物学家都认同共同祖先是一个科学事实。达尔文在书中精心整理的证据目录让生物学发生了颠覆性的改变。

关于生物起源和物种关系的替代观点

当《物种起源》出版时，大多数欧洲人认为神创论可以解释生物体的形成。按照《圣经》第一卷《创世记》的描述，上帝在6天的时间里创造了生物。这种观点还认为，包括人类在内的生物自诞生以来并没有发生重大变化。《创世记》的故事表明，创世也发生在最近的1万年内。

要想让一个假设通过科学验证，我们必须通过对物质世界的观察或测量来对其进行评价。而超自然的创造者是不可观察和测量的，因此我们无法通过科学方法来判断其是否真的存在或预测其行为。因此，如前所述，神创论并不是一种科学假设。任何包含超自然原因的假设都不能被视为科学。其中就包括智能设计论，该观点认为，尽管进化可能发生过，但生物体的某些特征一定是由创造者设计出来的。然而，神创论的观点确实也提供了一些可经科学验证的假设。例如，神创论认为，生物体是在过去 1 万年里形成的，而且自它们被创造以来并没有发生实质性的变化，这种断言是可以通过对自然世界的观察来验证的。我们可以把这个关于生物起源和物种关系的假设称为静态模型假设，该假设认为生物体是不变的，而且是最近才衍生出来的（见图 1–4a）。

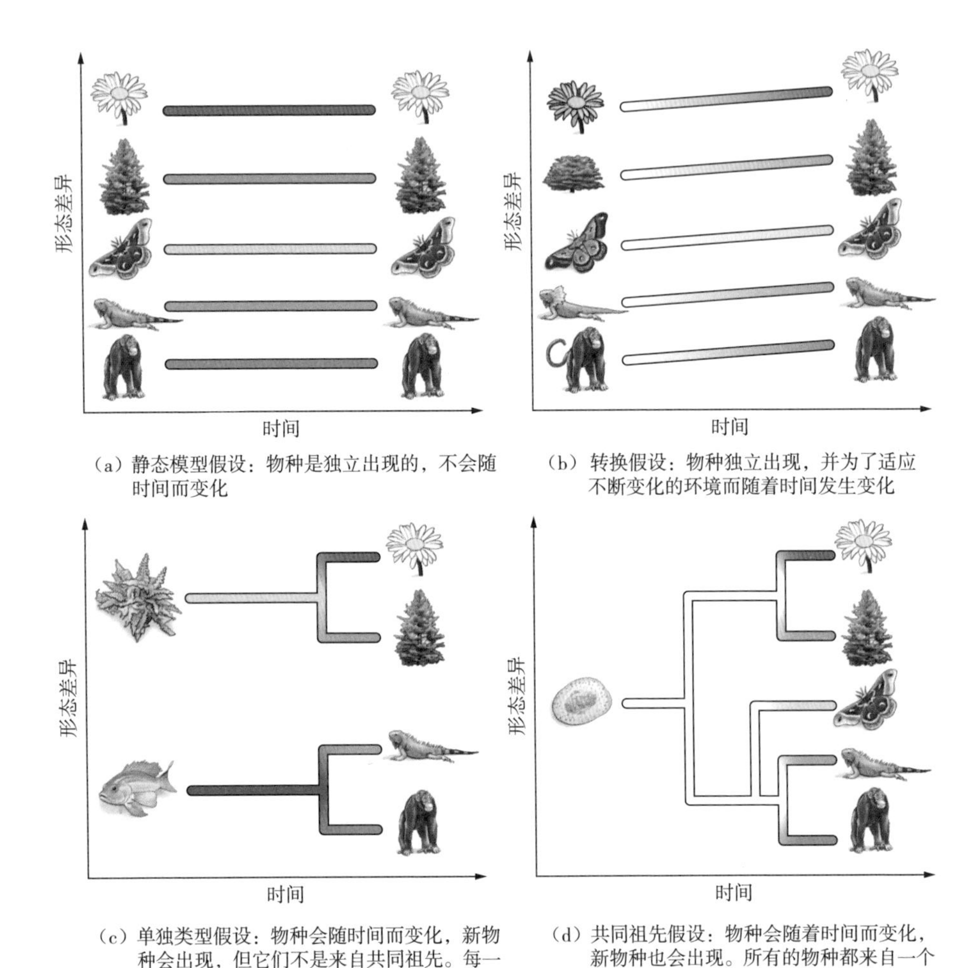

（a）静态模型假设：物种是独立出现的，不会随时间而变化

（b）转换假设：物种独立出现，并为了适应不断变化的环境而随着时间发生变化

（c）单独类型假设：物种会随时间而变化，新物种会出现，但它们不是来自共同祖先。每一组物种都来自一个独立出现的特定祖先

（d）共同祖先假设：物种会随着时间而变化，新物种也会出现。所有的物种都来自一个共同祖先

图 1-4　关于现代生物起源的 4 种假设

在静态模型假设和共同祖先理论之间还有过几个中间假设。其中一种中间假设是，所有的生物都是在几百万年前被创造出来的，这些物种经过微观进化发生了变化，但全新物种还没有出现。我们称这种假设为转换假设（见图 1–4b）。还有一种中间假设是，不同类型的生物体，例如植物、脊椎动物或昆虫，是独立生成的，自起源以来，它们已经分化成许多物种。我们称这种假设为单独类型假设（见图 1–4c）。这三种不同于共同祖先假设（见图 1–4d）的替代观点，是否同样可以合理地解释生物多样性的起源？

Q3 所有物种都源于一个共同祖先吗？

民意调查显示，许多美国人认为人类起源应有多种可能的解释。但是那些坚持认为共同祖先理论才是事实的科学家呢？为什么会有这么多人坚持该立场？你很快就会发现，这三种备择假设并不等同于共同祖先理论。为了理解其中的原因，我们先来检验一下那些有助于我们验证这些假设的观察结果。

从生物学和地质学等几个领域里，我们可以找到支持所有生物都有一个共同祖先的证据。然而，许多人都不相信大脑高度发达的人类只是动物族谱上的一个分支。因为这种观念非常普遍，我们将通过检验人类与包括黑猩猩和大猩猩在内的猿类是否拥有共同祖先的假设，来解答这个问题。

大概每一个动物园管理员都会告诉你，灵长类动物是最受游客欢迎的动物之一。人们喜欢猿类和猴子，其中的原因不难猜出，因为灵长类动物大多有好奇心、顽皮且行动敏捷。灵长类动物身上还有一些东西深深吸引着人类：人类可以在它们身上看到自己的影子。它们的眼睛朝前，鼻子很短，看起来和人类非常相像。它们不像其他动物一样长有带爪的掌，而是长着带有指甲的手。有些灵长类动物还可以短时间地用双下肢站立和行走。它们能用对生拇指和其余手指精细地操纵物品。它们表现出大量的亲代抚育行为，甚至它们的社会关系也与人类相似，它们会搔痒、爱抚、亲吻、噘嘴和露齿而笑（见图 1–5）。

为什么灵长类动物，尤其是大猿（如大猩猩、猩猩、黑猩猩、倭黑猩猩），和人类如此相似？科学家认为，这是因为人类和猿类都是同一祖先的后代。

图 1-5　人类在猿类身上看到自己的影子

林奈分类法

16 世纪和 17 世纪，随着现代科学的发展，支持生物多样性观点的各种分类方法相继问世。其中一些分类系统根据生物在栖息地、饮食、行为上的相似性对其进行分类，有些分类法将人类和大猿归为一类，有些分类法则不然。

瑞典医生、植物学家卡尔・冯・林奈（Carl von Linne）也加入了关于植物分类的争论中。林奈用拉丁语给所有物种起了包含两部分内容（即双名词组）的名字。拉丁语是当时科学界的通用语言。他甚至还给自己取了一个拉丁语名字——卡罗勒斯・林尼厄斯（Carolus Linnaeus）。林奈为其他生物赋予的拉丁语名称通常包含了该物种的性状信息，例如，*Acer saccarhum*（枫木）在拉丁语中是“产糖的枫树”的意思，而 *Acer rubrum*（红枫）在拉丁语中是“红枫树”的意思。物种的学名也包含了它的分类信息。例如，所有属名为“*Acer*”（枫）的物种都是枫树，所有属名为“*Ursus*”（熊）的物种都是熊。

林奈还创造了一套可以有效支持多样性的逻辑性系统，该系统将生物按级别分组。覆盖面从宽泛到狭窄，分类级别为：

界
门
纲
目
科
属
种

林奈时代以后，生物学家们又在其级别基础上增加了一个覆盖面更广的级别“域”，作为最大的生物群体。

虽然林奈生活的年代尚没有进化论，并且他本人还是一名神创论信奉者，但达尔文注意到，林奈的等级分类系统中隐含着生物之间的进化关系（见图 1-6）。林奈的分类系统可以有效地帮助人们发现这些关系。即使在进化论被广泛接受之后，该分类系统仍然被用作生物分类的标准。在林奈之后，这个系统只进行了细微调整，增加了“域”的等级，上下级别间附加了“亚”和“超”的次生单元，例如在“目”和“科”之间增加了“超科”，以便更好地展现生物群体之间的关系。

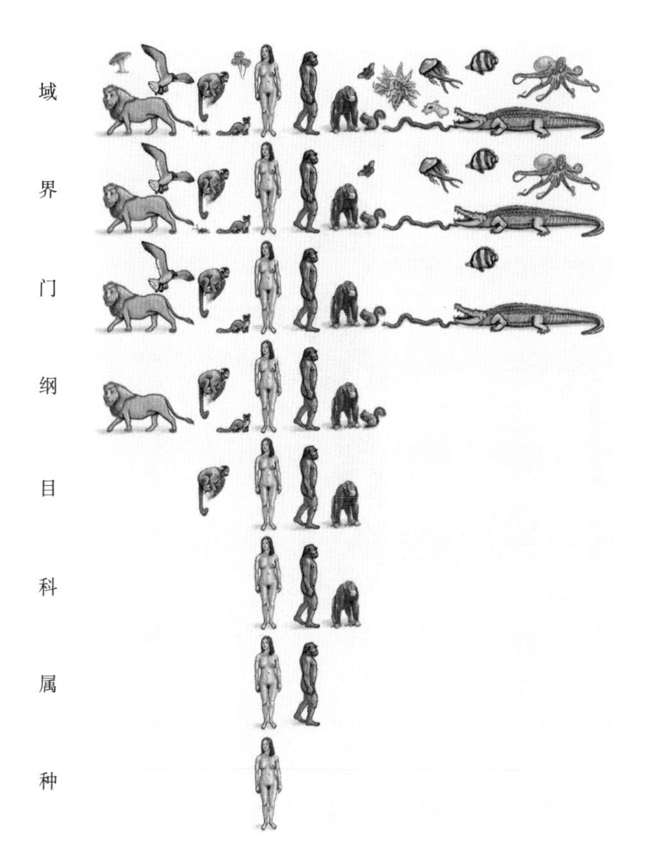

图 1-6　林奈分类系统对人类的分类

注：一个分类单元内的所有生物体都具有相同的基本特征。越接近底部，是级别越小的细分群体，生物体之间也有了更多的相似之处。

虽然林奈的等级分类法仍在使用，但他在 18 世纪提出的许多分级方式随着数据的积累已经被推翻或发生了根本性的改变。然而，涉及人类时，他最初的分类法在很大程度上仍有着数据的支持。林奈将人类、猴子和猿类归为一目，他称之为灵长类动物。在灵长类动物中，人类与猿类最为相似。人类和猿类有许多共同的特征，包括相对较大的大脑、直立的姿势、没有尾巴，以及灵活的拇指。现在，科学家把人类和猿类归为一科，即人科。

人类和非洲大猿有更多的共同特征，包括头骨偏长，犬齿短，毛发减少。它们被归为同一亚科，即人亚科。当人类、大猿和其他灵长类动物的分类以树形图的形式展示出来时（见图 1-7），我们便可以更直观地看到为什么达尔文认为人类和现代猿类是从同一祖先进化而来的。

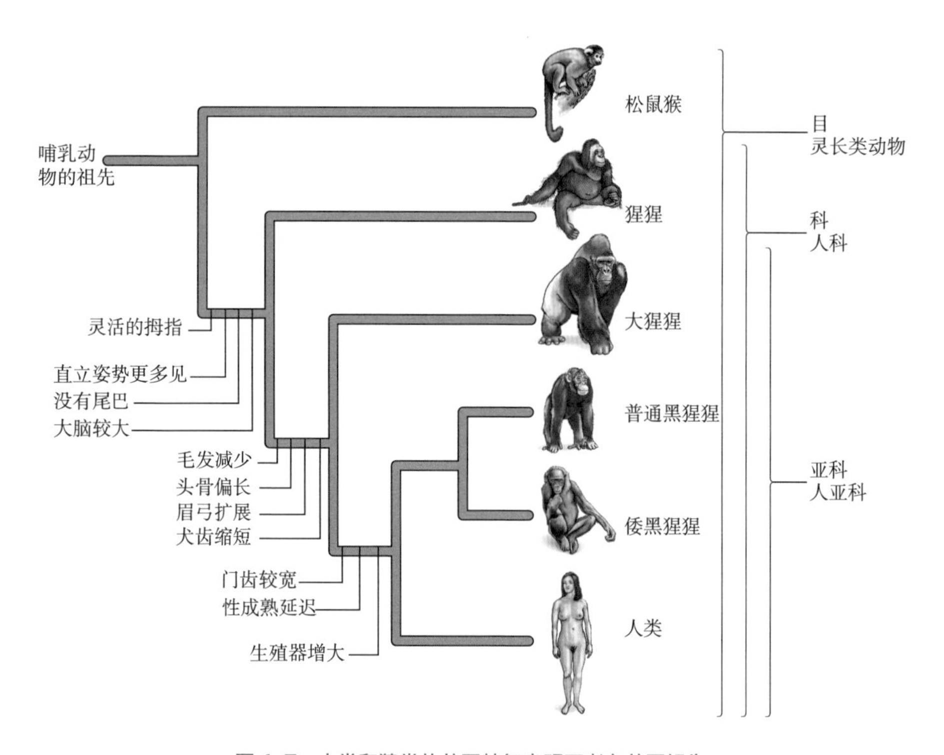

图 1-7　人类和猿类的共同特征表明两者有共同祖先

注：这个树形图展示了目前人类和猿类的分类。进化树左侧所记录的特征为右侧不同分支的所有物种所共有。

解剖结构上的同源性

林奈分类法所隐含的关系树构建了一个可以验证的假设。如果现代物种的祖先还繁衍了其他物种，也就是说现代物种与其他物种拥有共同祖先，那么我们应该能够观察到人类和猿类在解剖结构、行为、基因方面的其他不太明显的相似性，这些相似性被称为同源性。通过比较哺乳动物的前肢，我们可以发现各种生物之间的骨骼结构的同源性。例如，不同物种的前肢的上半部都有一根骨骼，下半部有两根骨骼，腕部有多个块骨，还有一些细长的“手指”骨（见图 1–8）。人类和黑猩猩的前肢有着非常明显的相似之处，尤其是独特的对生拇指。

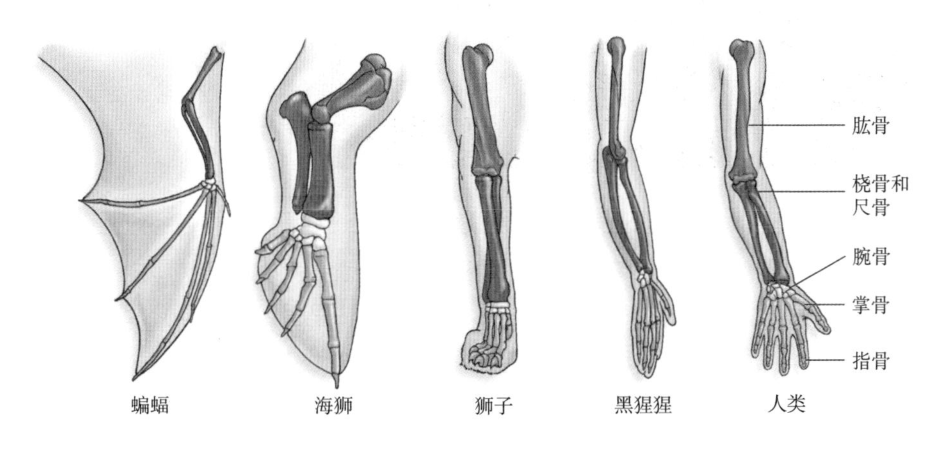

图 1-8　哺乳动物前肢的同源性

注：这些哺乳动物的前肢骨骼非常相似，各个生物体中相同的骨骼都呈现为同一种颜色。尽管这些骨骼在功能上有巨大的差异，但其基础结构的相似性可以作为证明它们拥有共同祖先的证据。

但值得注意的是，并非所有可观察到的相似性都可以用来证明进化性关系。鸟类和蝙蝠都有翅膀，也都会飞，但它们并不是来自一个共同祖先，它们的相似性是由趋同进化导致的。趋同进化指的是原本无亲缘关系的生物，由于生存方式极为相似，进而演化出相似的形态结构。趋同进化的另一个例子是，那些花大量时间在水中寻找食物的动物会长成圆柱形，这些动物包括金枪鱼、企鹅、水獭和海豚。进化研究面临的一个挑战是，描述哪些相似之处来自共同祖先，并将它们与在不同群体中平行进化的相似之处加以区别。

用以证明共同祖先假设的另一个更令人信服的证据是，一种生物的功能性状与另一种生物的看似无功能的或退化性状之间也存在着相似性。这些性状是生物遗传留下的痕迹。例如，鸵鸟等不会飞的鸟类会长出无功能的翅膀，而开花植物仍会在花的胚珠中生出微小的“第二代”（称为配子体），而这是它们与蕨类植物关系的残留特征（见图 1–9）。

（a）蕨类植物孢子体

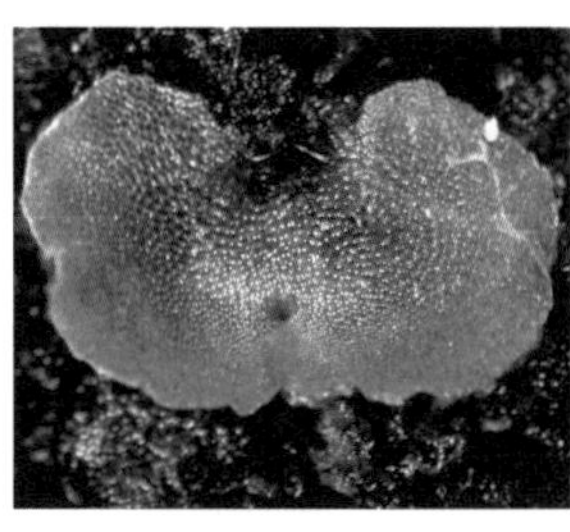

（b）蕨类植物配子体（一种独立的植物）

（c）含有微小配子体的开花植物孢子体

图 1-9　植物退化的结构

注：开花植物的祖先与现代蕨类植物相似。蕨类植物在生命周期内有两个独立的阶段：（a）常见的形态，又称为孢子体阶段；（b）形态很小的、独立的配子体阶段。开花植物（c）不再经历两个独立的阶段，但仍会在花内产生一个小小的配子体。

除了掌长肌，人类身上还有一些退化性状可以使我们与其他灵长类动物和哺乳动物联系在一起（见图 1–10）。像其他灵长类动物一样，大猿和人类有尾骨，但大猿和人类都没有尾巴。此外，所有哺乳动物的每根毛发下面都有一个小肌肉，叫竖毛肌。当竖毛肌在情绪紧张或寒冷情况下收缩时，毛发就会立起。对有体毛的哺乳动物来说，竖毛肌可以帮助扩大动物的视觉体型，还可以提高毛发的保暖作用，但人类在同样的情绪或身体状况下只会起鸡皮疙瘩。

达尔文认为，与静态模型所代表的神创论假设相比，进化假设为退化结构提供了更好的解释。对于像鸡皮疙瘩这样对人类无用的性状，更合理的解释是这些性状遗传自我们的生物祖先，而不是人类物种中独立出现或被创造出的特征。

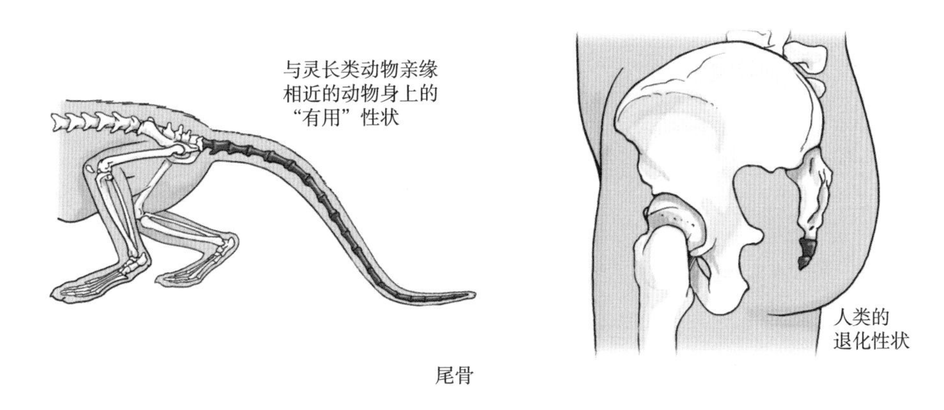

图 1-10　退化性状反映了人类的进化痕迹

注：人类和类人猿虽然没有尾巴，但都有退化的尾骨。

发育的同源性

在从受精卵到成体的发育过程中，多细胞生物会表现出许多相似性。即使是在人类和果蝇这样形态完全不同的动物身上，控制发育的基因也是相似的。由于这些共同的发育途径，不同物种的早期胚胎往往看起来非常相似。例如，所有的脊索动物，即有脊柱或有与脊柱密切相关的结构的动物，都会长出咽鳃裂，而且大多数脊索动物的早期胚胎有尾巴（见图 1–11）。这些结构甚至在发育早期的人类胚胎中也可以看到。这种相似性表明，所有的脊索动物都来自一个共同祖先，它们都继承了一个特定的发育历程。

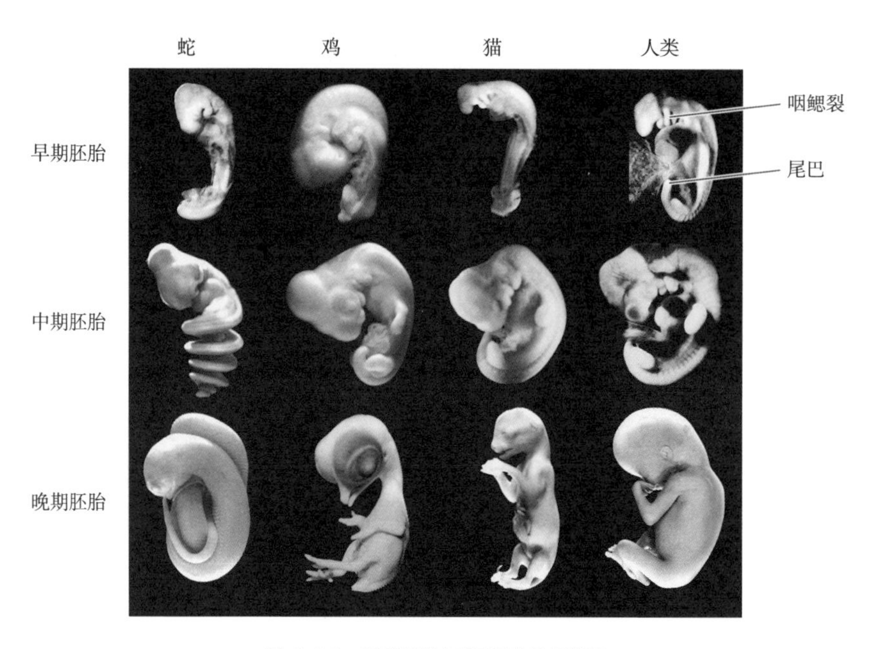

图 1-11　脊索动物早期胚胎的相似性

注：这些不同的生物体在发育的第一阶段看起来非常相似（如图第一行所示），这表明它们拥有一个有着同样发育历程的共同祖先。

分子同源性

科学家们现在认识到，个体之间的差异很大程度上源于基因的差异。很显然，物种之间的差异一定也源自它们基因的差异。如果共同祖先的假设是正确的，那么看起来亲缘很近的物种一定比亲缘较远的物种拥有更多相似的基因。衡量两个物种基因整体相似性的最直接的方法就是分析两个生物体中发现的 DNA 序列的相似性。与拥有较远共同祖先的物种相比，拥有较近共同祖先的物种拥有更多相似的 DNA 序列（见图 1-12）。

许多基因几乎存在于所有生物体中。例如，人们在藻类、真菌、果蝇、人类和所有其他有线性染色体的生物体中都发现了编码组蛋白的基因。组蛋白是一种有助于在细胞内整齐地存储 DNA 的蛋白质。在有许多共同结构和功能的生物体中，诸如人类和黑猩猩身上，有较多的共同基因。然而，由于同一种氨基酸可以由多种 DNA 密码子编码，因此基因序列，甚至是那些可以产生相同氨基酸序列的蛋白质的基因序列，在不同物种之间通常也并不完全相同。

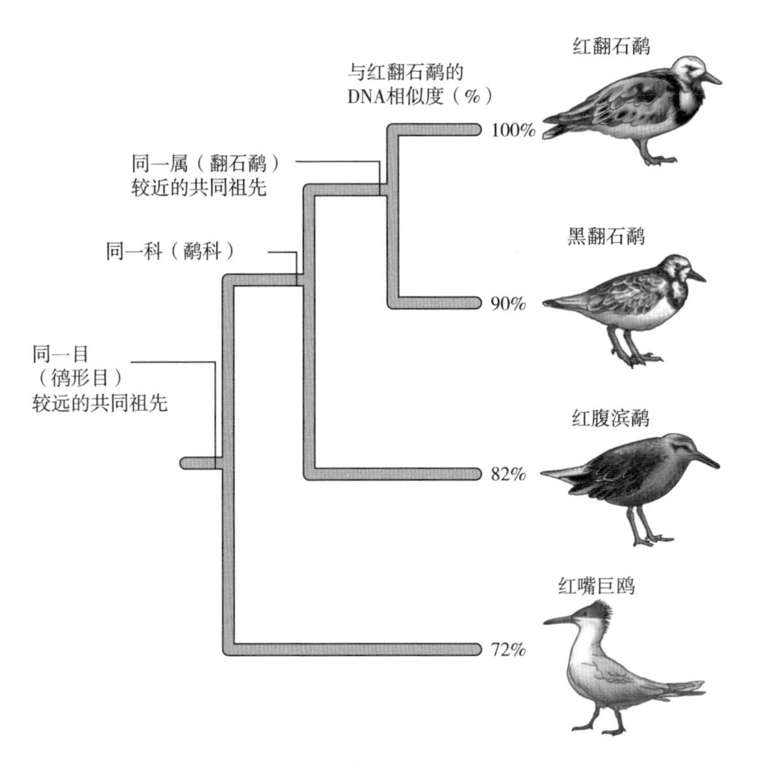

图 1-12 揭示物种关系的 DNA 证据

注：科学家们根据这 4 种鸟类的生理特征将它们分为不同的种类，如树状图所示。后来的 DNA 研究支持了这一假设，因为拥有一个更近的共同祖先的物种比拥有一个更远的共同祖先的物种有着更多相似的 DNA 序列。

通过对在人类和其他灵长类动物身上发现的几十种基因序列的比较，可以说明等级分类和基因序列相似性之间的关系（见图 1-13）。人类和黑猩猩的这些基因的 DNA 序列相似度达 99.01%，而人类和大猩猩的 DNA 序列有超过 98.9% 的部分是相同的。与人类亲缘关系较远的灵长类动物在 DNA 序列上与人类相似度较低。这种 DNA 序列的相似性模式恰好印证了这一群体的生理相似性所隐含的生物学关系。这个结果可以支持灵长类动物拥有共同祖先的假设。

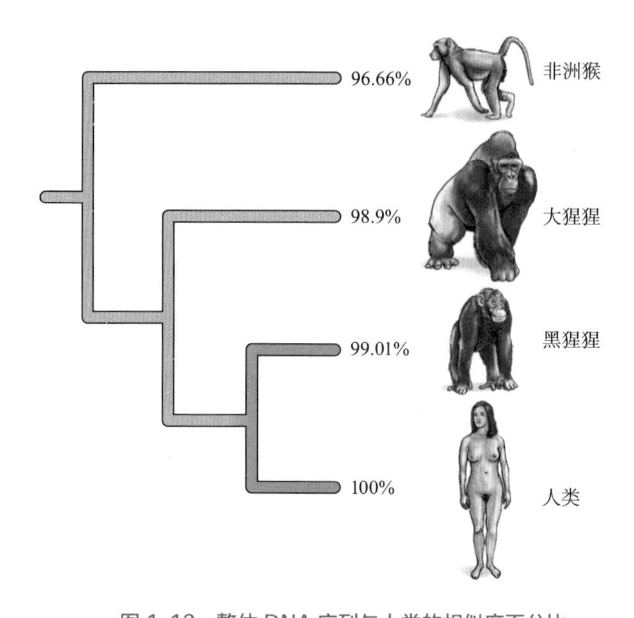

图 1-13　整体 DNA 序列与人类的相似度百分比

注：灵长类动物的 DNA 序列的相似性，与相似的形态和发育所暗示的关系假设相吻合。

有趣的是，DNA 证据对曾经基于形态相似性而看似非常合理的分类法提出了质疑。例如，爬行动物曾经被认为是一个单一的群体，包括以鳞片覆盖身体、产带壳蛋的所有陆生动物；而鸟类因其独特的羽毛也被认为是一个独特的群体。现在，从 DNA 证据可以清楚地看到，一些现存的爬行动物，比如鳄鱼及其近亲，与鸟类的亲缘关系比和其他爬行动物的亲缘关系更近。尽管有这种不可思议的例外存在，但 DNA 证据通常可以支持基于相似形态和发育的生物分组的做法。

起初，发现 DNA 序列的相似性似乎并不特别令人惊讶。假如基因就是指令，那么你可能会认为，构建人类和黑猩猩的指令比构建人类和猴子的指令更接近。毕竟，人类和黑猩猩比人类和猴子有更多的生理相似之处，例如毛发减少、没有尾巴。

然而，这些被比较的基因在这些物种中执行着相同的功能。例如，这项分析中的基因之一是 *BRCA1* 基因（乳腺癌 1 号基因），该基因在所有生物体中都具有帮助修复 DNA 损伤的基本功能。在人类中，*BRCA1* 基因还与患乳腺癌的风险有关，这也正是该基因名称的由来。鉴于 *BRCA1* 基因在所有生物中的功能相同，人们似乎没有理由认为不同物种间的 *BRCA1* 基因序列差异应该以某种规律呈现，除非这些生物之间有亲缘关系。但确实存在这样一个规律：人类与黑猩猩的 *BRCA1* 基因更类似，其相似度高于人类与猴子的这一基因的相似度。针对这一观察结果的最佳解释是，人类和黑猩猩这两个物种的共同祖先比两者中任意一个与猴子的共同祖先更近。

通过人类和黑猩猩之间的 DNA 序列差异，我们也可以大致估算出这两个物种何时从共同祖先分化而来。这个估计是基于分子钟得出的。分子钟的原理是，影响 DNA 序列而不是蛋白质序列的一些突变的积累而造成的特定 DNA 序列的变化，其速率在一个物种内似乎是相对恒定的。应用分子钟分析得出，在物种分化中产生 1% 的 DNA 序列差异（大约是人类和黑猩猩之间的差异）的累积需要 500 万年到 600 万年的时间。

生命的生物地理学

物种在地球上的分布被称为生命的生物地理学。正如本章所讨论的那样，达尔文在乘坐小猎犬号航行期间观察到，加拉帕戈斯群岛的每个岛屿上都有一种独特的陆龟，岛上还有一种仙人掌，与大陆上发现的仙人掌相似，但又不完全相同。达尔文还指出，加拉帕戈斯群岛上的物种与他去过的其他类似热带岛屿上发现的物种有很大的不同。如果物种是独立出现的这一备择假设是成立的，那么我们就可以预测两种可能性：要么所有的热带岛屿都有着相同的物种，要么所有的热带岛屿都有各自完全独特的物种。因此，生物地理学的观察表明，一个地理位置上的物种通常是由其附近地理位置上的祖先进化而来的，这一发现可以支持共同祖先的亲缘分支理论。

达尔文对陆龟和仙人掌的生物地理学进行观察的时候，人类的足迹已经遍布地球的各个角落。人类物种的现代生物地理学还不能帮助确定我们与其他生物的关系。然而，达尔文推断，如果人类和猿类拥有一个共同祖先，那么流动性高的人类一定最先出现在那些还能找到流动性低的近亲的地方。他预测，关于早期人类祖先的证据应该在非洲——那里是黑猩猩和其他大猿的家园。

化石记录

人类祖先存在的证据之一是化石，即土壤或岩石中残存的生物遗骸。人类化石和其他物种的化石构成了远古生命的记录，并提供了生物体随时间而变化的最直观的证据。许多化石系列的例子反映了生物体从更古老的形态到更现代的形态的进化过程，就像从古代的马到现代的马的演变（见图 1–14）。

其他化石按时间顺序出现的情况也可以支持进化论。例如，解剖学和发育生物学的证据表明，现代哺乳动物和其他陆生四足动物是从鱼类祖先进化而来的。相应地，我们在古代岩石中发现了第一个鱼类化石，在较新岩层中发现了第一个哺乳动物的化石。

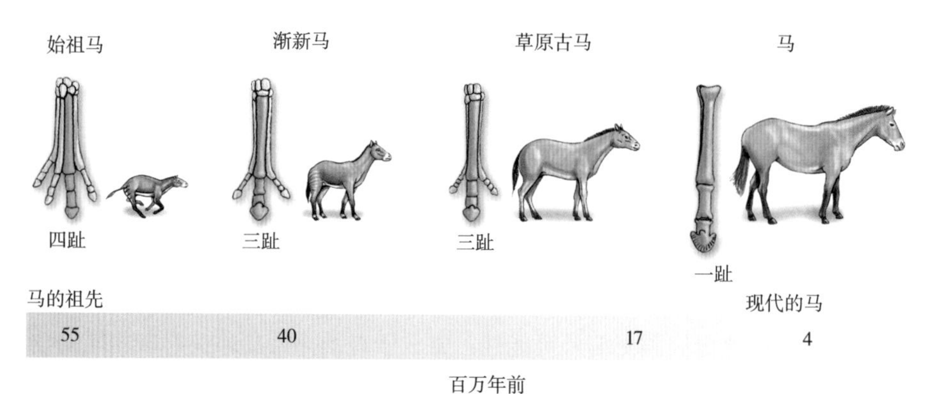

图 1–14　马的化石记录

注：这些马化石提供了一个非常完整的进化历程：从有着四趾、体型似猫的小型动物，到只有一趾的现代的马。

化石通常是在有机物质分解，矿物质填满剩余空间后形成的（见图 1–15）。然而，我们也发现了一些印痕化石，例如，贝壳、动物的洞穴、骨头周围的软组织或者脚印等。当生物或它们的踪迹被沉积物迅速掩埋时，化石化过程便更有可能发生。幸运的是，科学家们所寻找的古人类化石，即人类和人类祖先的化石，有着相对完好的记录。

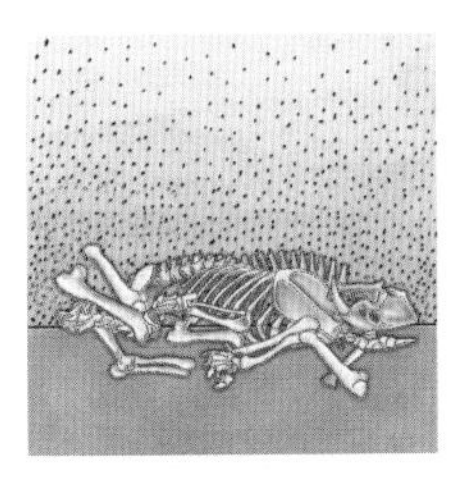

①一种生物体迅速被埋在水、泥、沙或火山灰中，其组织开始缓慢地分解

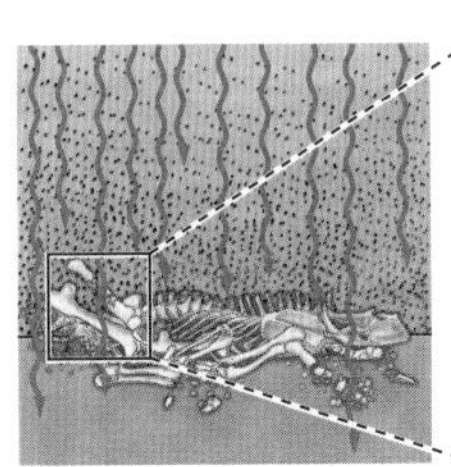

②渗入沉积物的水从土壤中吸收矿物质，并将它们沉淀在腐烂组织留存的空间中

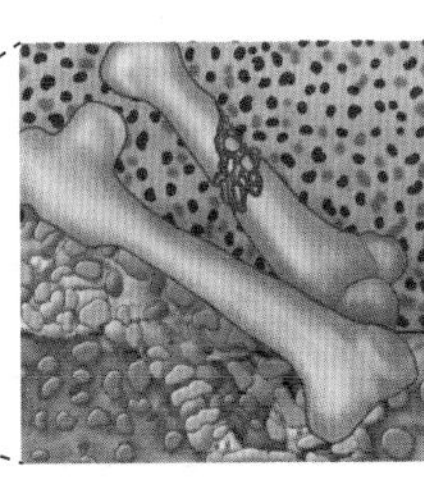

③数千年后，大部分或全部的原始组织被非常坚硬的矿物质所取代，形成了原始骨骼的岩石模型

④当侵蚀或人为干扰移除了上面的沉积物时，化石就暴露了出来

图 1–15　化石化过程

注：化石通常是生物有机结构的岩石模型。

古人类化石具有不同于其他灵长类动物化石的一些关键特征。人类和其他猿类的一个本质的差异是不同的运动方式。黑猩猩和大猩猩用四肢行走，而人类却是两足动物。也就是说，人类只用两条腿直立行走。这种运动方式的不同导致了人类和类人猿在解剖学上的不同（见图 1–16）。古人类的脸和背部在同一平面上，二者不成直角，因此猿类的枕骨大孔，即脊髓通过的颅骨孔，长在颅骨后侧，人类的却长在颅骨底部。此外，古人类的骨盆和膝盖转变为便于直立站立的结构；脚的功能由抓握变为承重；且相对于上肢，下肢被拉长了。

第一批古人类化石不是在非洲而是在欧洲发现的。尼安德特人的遗骸于 1856 年在德国尼安德特山谷的一个小洞穴中被发现。1891 年，人们在爪哇（印度尼西亚）发现了一种化石，它来自更古老的、类似人类的生物，该生物现在被称为直立人。直到 1924 年，第一块非洲古人类化石“汤恩小孩”才在南非被发现。这具化石后来被确定为是比尼安德特人和直立人更古老的物种，并被归入一个新属，即南方古猿。古生物学家接下来还在非洲南部和东部发现了新的古人类化石，其中包括著名的“露西”，它是1974年在埃塞俄比亚发现的一具非常完整的南方古猿阿法种的骨骼化石。露西的骨骼化石包括一大块骨盆，这直观地表明她曾是直立行走的。

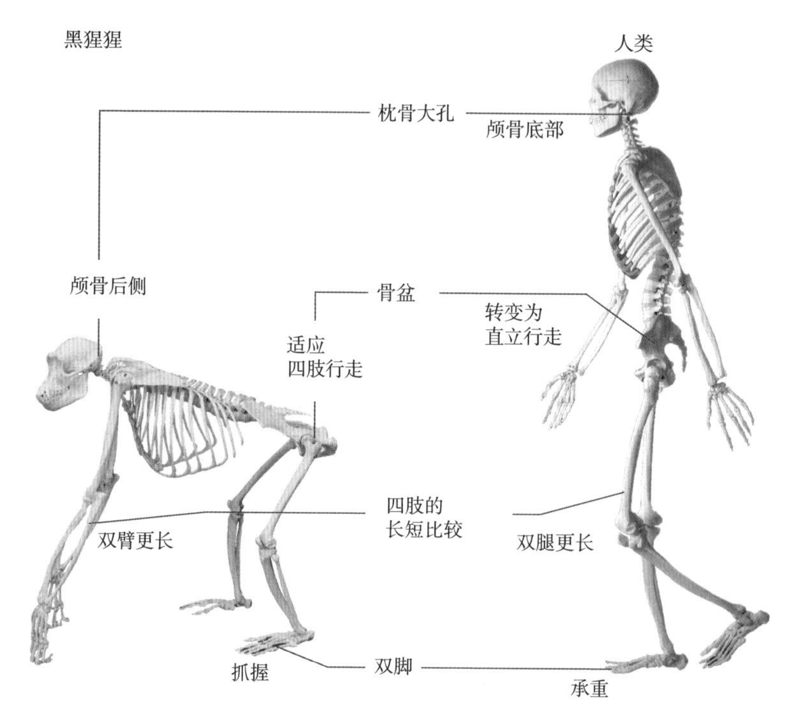

图 1-16 人类和黑猩猩的解剖学差异

注：人类是两足动物，而黑猩猩通常用四肢行走。如果在一具灵长类动物化石中发现任何两足动物的特征，该化石就应被归类为古人类。

通过确定这些化石和其他许多古人类物种的年龄，科学家们证实了达尔文的预言，即最早的人类祖先出现在非洲。

科学家们可以通过评估化石周围岩石的年龄，来确定远古化石生物生存的年代。放射性元素年代测定法主要依赖于放射性衰变，当岩石中的放射性元素自发地分解成不同的、独特的元素，也就是子体产物时，放射性衰变就会发生。

当地壳下的液体刚形成岩石时，岩石含有一定数量的放射性元素。当岩石变硬时，这些放射性元素中的一些就会被捕获。每一种放射性元素都以其独特的速率衰变，衰变的速率通常用元素的半衰期来描述。半衰期是指最初存在的元素数量的一半衰变为子体产物所需要的时间。随着被捕获的元素的衰变，岩石中放射性物质的数量就会减少；而相应地，子体产物的数量就会增加。通过确定岩石样本中放射性元素与子体产物的比例，并了解放射性元素的半衰期，科学家就可以估计岩石形成的时间（见图 1–17）。根据地球上最古老的岩石的年龄，放射性元素年代测定法已估计出地球的年龄为 46 亿年。

利用这项技术，科学家们已经确定了最古老的古人类化石——拉密达地猿，有 520 万年到 580 万年的历史，正好符合分子钟预测的关于人类和黑猩猩开始分化的时间。还有两种更古老的化石物种，图根原人和乍得沙赫人，分别被定义为生活在 600 万年前和 700 万年前的人类祖先。然而，在发现更多的例证前，大多数科学家对这些动物是不是两足动物的观点仍持保留态度。

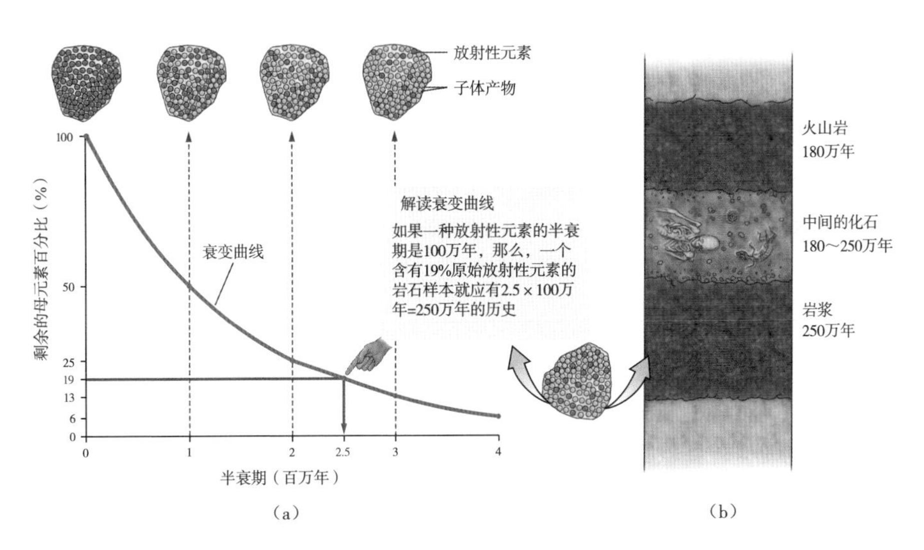

图 1–17　放射性元素年代测定法

注：（a）当化石在火山岩或岩浆形成的岩石之间被发现时，它的年龄便可以被估算出来。（b）我们可以通过测量岩石样本中已知半衰期的放射性元素（用深紫色圆球表示）的数量和子体产物（用浅蓝色圆球表示）的数量来估计岩石的年龄。

就像马或其他一些从鱼类转变为陆生动物的化石记录一样，古人类化石记录反映了一个明显的进步，即随着时间的推移，人类的祖先从更类似于“猿类”发展为更类似于“人类”。除了两足动物的特征外，人类与其他猿类的不同之处在于大脑较大、脸部扁平、拥有的文化更为多样化。最古老的古人类是两足动物，但在颅骨形状、大脑体积、可选的生活方式等方面与其他猿类相似。更近的古人类化石揭示了其与现代人类更大的相似性，具体表现为扁平的脸部和增大的大脑体积（见图 1–18）。人们收集的最近人类祖先的化石证据表明了象征文化的存在和工具的广泛使用，这些是现代人类的标志。随着上述的古人类化石数量增加，人类谱系雏形已经显现。这些化石物种可以按照亲缘关系的谱系进行排列，其排列结果与通过放射性元素年代测定法划分和通过比较生物解剖结构来划分不同的物种的结果一致（见图 1–19）。

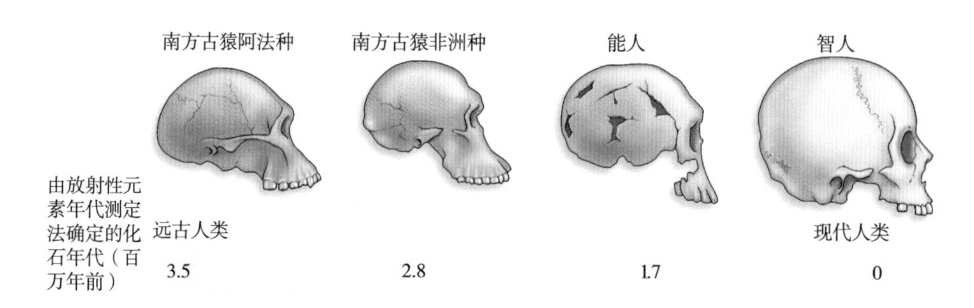

图 1–18　从远古人类头部化石到现代人类头部化石

注：远古人类化石揭示了许多猿类的特征，包括颌部较大、脑壳较小、前额靠后。距离现在更近的古人类化石则表现为颌部缩小、脑壳更大、眉骨更扁平，与现代人类很相像。

尽管科学家们对谱系中的一些细节仍存在争议，但从化石记录来看，基本的信息已经很明确了：古人类群体曾经非常多样化，但现代人类是它的最后一个分支。但是，这些观察结果能否提供令人信服的证据，证明现代人类是由与猿类共同的祖先进化而来的呢？

人类和黑猩猩的共同祖先常被称为“缺失的一环”，因为其残骸化石还没有确定。然而，要找到黑猩猩和人类之间或者任何两个物种之间的共同祖先的化石是极其困难的。要鉴定一个共同祖先，弄清楚这两个物种自它们分化以来的进化历史是非常有必要的。和人类一样，现代黑猩猩在从古人类分化出来后的 500 万年里一直在进化。换句话说，“缺失的一环”看起来可能既不像具有人类特征的现代黑猩猩，也不像两个物种的杂交产物，如 19 世纪把达尔文描绘成“猿人”的漫画中所表现的那样（见图 1–20）。基于目前的猿类化石，科学家尚不能确定现代人类和现代黑猩猩是否有共同的祖先，但这并不能证明这两个物种没有亲缘关系。绝大多数的证据都支持黑猩猩与人类有着最近的亲缘关系这一假设。

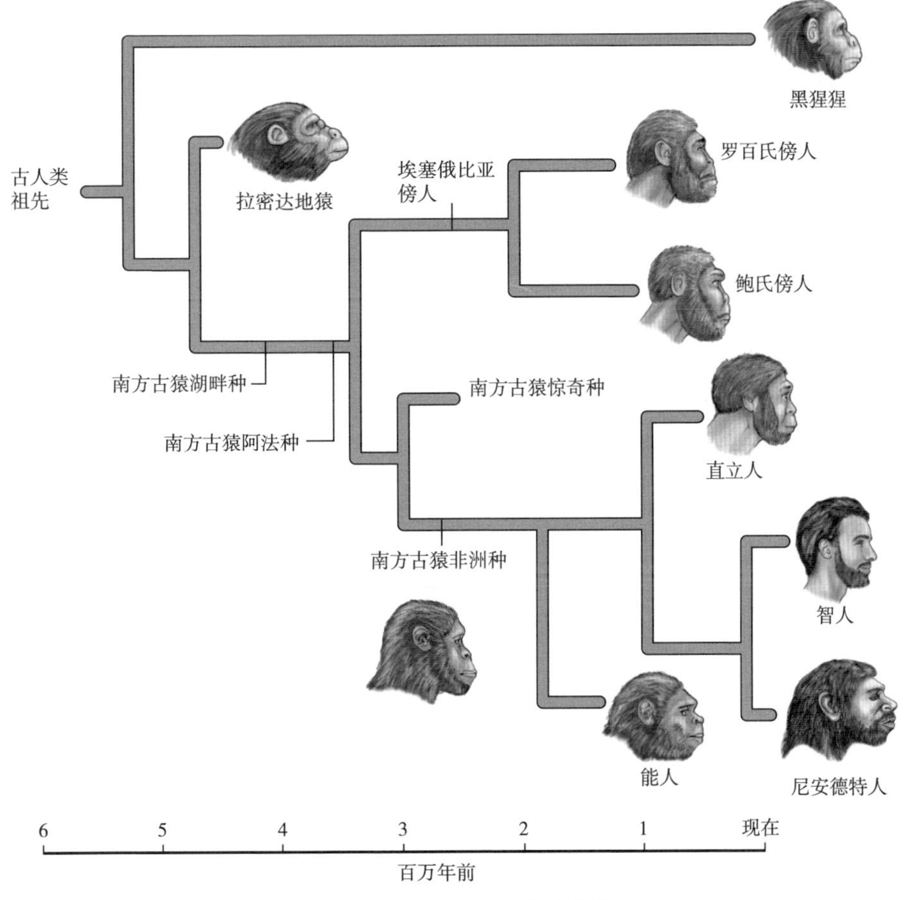

图 1-19 古人类物种之间的进化关系

注：这张树形图是那些致力于揭开人类进化史的科学家目前所达成的共识。

图 1-20　漫画“猿人”达尔文

注：人类和黑猩猩之间“缺失的一环”其实并不会像这幅漫画所设想的那样，看起来是半人半猿的样子。

替代观点的比较

到目前为止，通过前文所讨论的实际证据，我们只能推翻其中的一个假设，即静态模型假设。化石记录明确表明，居住在地球上的物种随着时间的推移而发生了变化。放射性元素年代测定法还表明，地球的存在远超过 1 万年。

在剩下的三个假设中，转换假设对观测结果的解释最没有力度。如果生物是单独出现的，并且每个生物都沿着自己的路径改变，那么就没有理由期望不同的物种会有相同的结构，特别是如果这些结构在某些生物身上已经退化。我们也没有理由期望不同物种之间的 DNA 序列有相似性。转换假设预测，我们将很难找到生物体之间存在关系的证据。正如我们的观察所表明的那样，可以证明生物关系的证据大量存在。

共同祖先假设和单独类型假设都包含了一个自然变化的过程，通过这个过程，我们便可以解释观察到的生物关系。也就是说，两种假设都认为现代物种是共同祖先的后代。这两种理论的不同之处在于，共同祖先假设认为所有生物都有一个共同祖先；单独类型假设认为，不同种群的生物来自不同的祖先，并会产生不同类型的生物后代。对许多人来说，单独类型假设似乎比共同祖先假设更有道理。像松树、霉菌、瓢虫这些和人类完全不同的生物，似乎不可能和人类拥有一个共同祖先。然而，一些观察结果表明，所有这些不同的生物都是有亲缘关系的。

DNA 的通性以及 DNA 和蛋白质之间关系的通性，是能证明所有生命都起源于一个祖先的有力证据。例如，细菌的基因可以被转移到植物上，植物可以制造出功能性细菌蛋白。这之所以能够被实现，仅仅是因为细菌和植物是以几乎相同的方式将遗传物质翻译为功能性蛋白质。如果细菌和植物是分开出现的，它们也就无法以相似的方式翻译遗传信息了。

松树、霉菌、瓢虫这些生物虽然和人类不同，却携带了和人类具有相同成分和生物化学物质的细胞，这也是这些物种拥有共同祖先的证据之一（见图 1–21）。一个线粒体可以有许多不同的结构形式，但都执行着相同的功能。植物细胞和动物细胞的线粒体本质上是相同的，这意味着这两种生物从共同祖先那里遗传了线粒体。

图 1-21　生命的统一性和多样性

注：为什么松树、霉菌、瓢虫这些生物看起来和人类截然不同，却和人类有着一样的遗传密码，并且在细胞结构和细胞分裂等多方面极为相似？包括共同祖先理论在内的进化论为此提供了最好的解释。

松树、霉菌、瓢虫和人类确实有很大的不同。单独类型假设的支持者认为，这些生物之间的差异不可能是自它们拥有共同祖先的时期进化而来的。但这些生物的分化时间跨度巨大，有将近 20 亿年。生物所保留的基本相似之处可以作为证明它们在古代时的关系的证据。

生物多样性的最佳科学解释

科学家们对共同祖先理论持支持态度，因为他们认为这是对现代生物起源的最佳解释。进化论，包括共同祖先理论，是经得起推敲的，它是对各种观察结果的最佳解释，并且得到了来自解剖学、地质学、分子生物学和遗传学的各种证据的有力支持。共同祖先理论的证据均表现出一致性，这意味着不同来源的观测结果都是一致的。所有得到有力支持的科学理论都具备一致性。

共同祖先理论和原子理论一样，都是不确定的。科学家们普遍认同描述原子基本结构的模型，也都认为共同祖先理论的证据占据着绝对的优势。大多数科学家会说，这两种理论都得到了很好的证据支持，我们可以视其为事实。

进化论可以帮助我们理解人类基因的功能，理解物种之间的相互作用，并预测全球环境变化对现代物种的影响。将进化论描述为“仅仅是一种理论”，大大低估了进化论作为现代生物学基础的重要性。一个人如果不了解这一基本的生物学原理，就可能会缺乏对生命统一性和多样性的基本认识，也就无法理解进化史及其带来的变化对自然界和人类产生的影响。

要点回顾

BIOLOGY : SCIENCE FOR LIFE >>>

- 进化的过程是一个种群中生物特征随时间推移而发生的变化。
- 达尔文时代之前的科学家就已假设，物种会随着时间推移而变化。
- 所有生命的共同特征（特别是 DNA 的通性以及 DNA 和蛋白质之间的关系）可以证明地球上所有生物都起源于一个共同祖先，而非多个祖先。

BIOLOGY

SCIENCE FOR LIFE

02

谁是人类进化中的敌人？

妙趣横生的生物学课堂

- 结核病为什么能困扰人类数千年?
- 生物为什么会朝着不同的方向进化?
- 人们对达尔文的自然选择理论有着哪些误解?
- 自然选择能帮助我们最终战胜结核病吗?

2015 年 4 月，一名印度游客抵达芝加哥奥黑尔国际机场。从表面上看，她似乎与每年从印度半岛来美国的近 100 万名其他游客没有什么不同，但她携带着一些危险的行李。在美国中西部旅行结束后——从伊利诺伊州到田纳西州，再到密苏里州——再回到芝加哥的时候，这位旅行者因这些行李住进了医院。

由于患者受到信息保密规定的保护，我们无从得知这名游客的真实身份。但我们可以推测，她前去就医是因为她出现了持续的咳嗽（可能咯血）、发热、发冷和疲劳等症状。美国疾病控制与预防中心在当年 6 月宣布，这名匿名女性游客感染了一种引起广泛耐药结核病（XDR–TB）的细菌，所以才出现了上述症状。由这种感染引起的致命疾病中，只有 30% 的患者可以被治愈。

她一路上可能已将广泛耐药结核病传染给了数千人，可能在印度飞往美国的飞机上，也可能在美国境内转机的机场里。我们几乎无法查出她在旅途中具体接触了哪些人。

好在广泛耐药结核病并不容易传播。但这名印度游客的经历是一个较有代表性的例子，表明了全世界面临的两难困境。这种细菌在美国原本并不存在，只有外国游客进入美国时才会带入。大多数国家的边境都无法完全屏蔽传染病，但有一种办法可以降低危险疾病越境的可能性，就是如果发现游客来自存在这些疾病的国家，则禁止其入境访问和移民。但这种孤立主义政策也会带来负面后果，可能会阻碍商业贸易、让难民失去追求更好生活的机会，甚至损害一个国家的国际地位。

还有另一种方法可以阻止广泛耐药结核病等危险疾病的传播：尽自己所能，干预致命病原体的进化。因为，当病原体进化时，世界上数百万人可能因为疏忽将人类自己置于广泛耐药结核病细菌和许多其他致命微生物带来的危险之中。

Q1 结核病为什么能困扰人类数千年？

早在公元前 3000 年，人类就从埃及木乃伊的脊骨中发现了结核性腐烂。公元前 460 年，希腊医生希波克拉底（Hippocrates）认为结核病是当时传播最广的疾病。1906 年，美国每 1 000 个死亡病例中就有 2 例死于结核病。

由于近年科学和医学的进步，现在美国每 10 万例死亡病例中仅有 1.5 人死于结核病。20 世纪 80 年代，世界各地结核病感染率和死亡率急剧下降，使得越来越多的公共卫生专家认识到，这一由来已久的灾祸可以在人类中彻底消除。但现在，由于我们自己的失误和自然选择的强大力量，这种可能性大大降低。已经困扰人类数千年的结核病为什么没办法彻底消除，甚至还会卷土重来？结核病到底是一种什么疾病呢？

结核病与抗生素

被称为结核分枝杆菌的细菌可以引起结核病（见图 2–1）。结核病之所以成为公共卫生问题，不是因为它最为致命，而是因为它会对众多人造成困扰。全世界有超过1/4的人（约20亿人），携带结核分枝杆菌，据估计每秒钟就有1个新增感染病例。约有90%的人感染结核分枝杆菌后是无症状的，当感染细菌的个体的免疫系统杀掉细菌时，大部分感染会消失，就不会发生结核病。然而，其余10%的感染者的病情会发展为活动性疾病，其中一半以上的患者如果不接受治疗将会死亡。现在，全世界每年大约有200万人死于结核病。

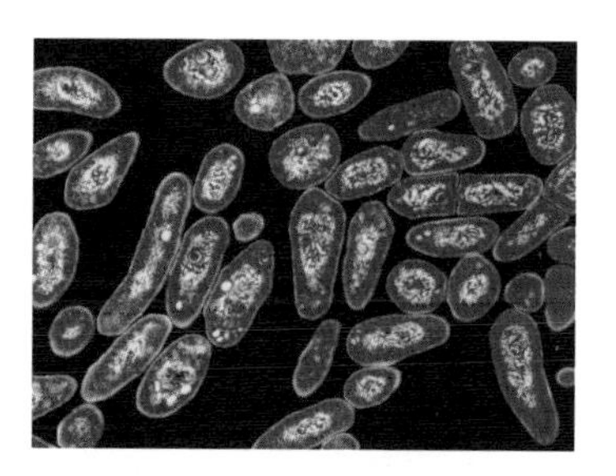

图 2-1　结核分枝杆菌

结核病的症状包括咯血、发热、身体乏力，患者的身体会因为长期不间断消耗变得愈发虚弱、消瘦。这些症状解释了该疾病俗称为“肺痨”的缘由，它对患者来说是一种自内而外的身体消耗。

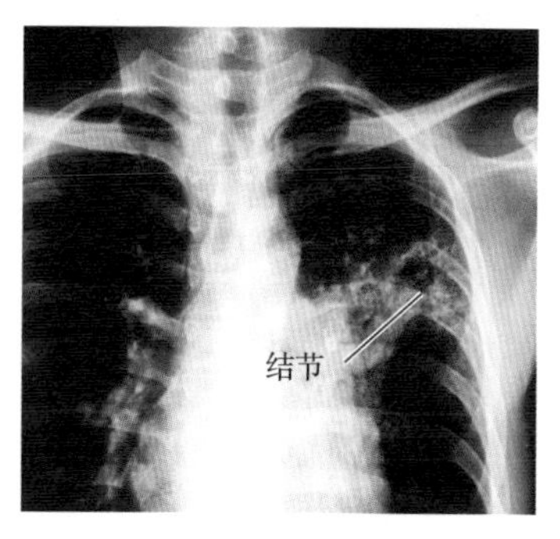

图 2-2　肺结核结节

注：肺部X光片上的红色斑点是肺组织内的结节。

我们现在了解到，结核病的消耗性症状是由身体对活动性结核分枝杆菌感染作出反应所造成的肺组织受损而引起的。肺部的细菌菌落被免疫系统细胞隔离，形成了被称为结节的结构（见图2–2）；虽然这种反应确实减缓了细菌在肺部的扩散，但它会对肺组织造成不可逆的损害，肺部为身体供氧的能力会降低，从而导致结核病患者身体消耗的症状（见图2–3）。这种感染很难治愈，因为结核分枝杆菌可以在结节内部潜伏数月。当结节退化时，细菌会被释放回肺部，导致肺部形成新的感染，并传播给其他人。

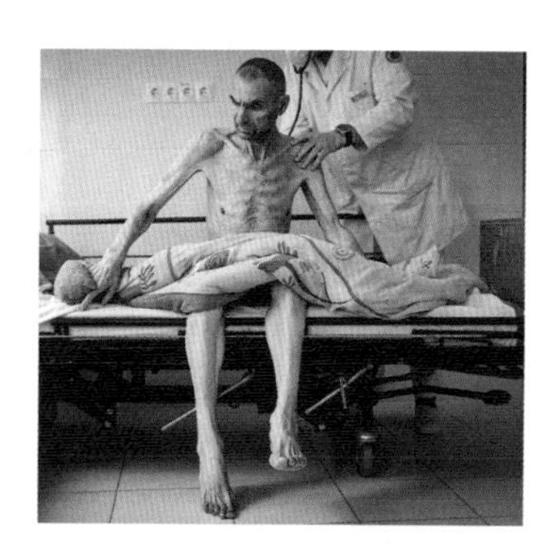

图 2-3　结核病感染的影响

注：结核病感染患者的正常肺组织越来越少，他们很难获得足够的氧气。于是，他们的身体组织开始被消耗。

有些人感染结核病时几乎没有症状，但结核病的传播几乎完全是由活动性结核感染者造成的。当活动性结核感染者咳嗽、打喷嚏、说话或吐痰时，他们会喷出有传染性的飞沫。一个喷嚏就能释放出大约 40 000 个具有传染性的飞沫微粒。与感染者长期、频繁或密切接触的人被感染的风险最高。

大多数人都能抵抗结核分枝杆菌感染，但也有部分人抵抗不了。感染活动性结核病风险最高的是幼儿、老年人，以及因营养不良、其他疾病或药物滥用而造成整体健康状况不佳的人，还有艾滋病患者。直到大约 60 年前，这些感染结核病的人还几乎不可能活下来。今天，他们的预后要好得多，尤其是在高质量医疗服务更为普及的国家和地区。但这一情况也可能正在发生改变。

治疗与治疗失败

19 世纪和 20 世纪早期，至少对富人来说，针对结核病的主要治疗方式之一就是长期居住在乡村，呼吸那里无污染的新鲜空气。这些乡村结核病疗养院（见图 2-4）之所以能有效地治疗结核病，主要有两个原因。首先，通过将患者从空气中弥漫着对肺部有害的颗粒的环境，转移到疗养院所在的空气清新的环境，医生们可以最大限度地、更为长久地保护患者的肺功能。其次，由于疗养院将患者隔离，就减少了结核病在社区中传播的可能性。在较贫穷的社区，活动性结核病患者常常被强行隔离在更恶劣的环境中。

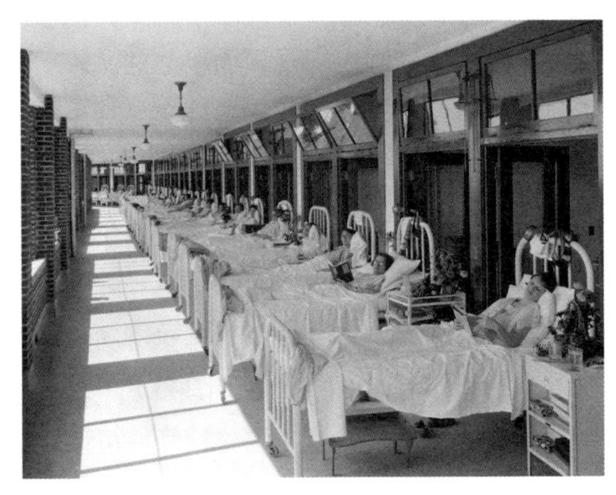

图 2-4　结核病疗养院

注：患者在疗养院每天要尽可能多地接触新鲜空气，或在室外，或像图中患者一样待在宽敞的开放式门廊里。

20 世纪 40 年代，可以杀死细菌等微生物的抗生素问世了，它的出现彻底改变了结核病的治疗方法。自那时起，活动性结核病感染者通常只需隔离两周，直至抗生素杀死肺部的大部分结核分枝杆菌。此时，患者已不再具有传染性，可以重返社区。然而，由于结核分枝杆菌可以在体内长期潜伏，患者必须坚持6～12个月的抗生素治疗，才能彻底清除该病菌。

然而，自20世纪80年代开始，科学家们记录到的耐抗生素结核病感染人数一直在增长，这一变化令人感到不安，因为这些感染病例无法通过标准药物治疗被治愈。美国疾病控制与预防中心的数据显示，自1993年以来，每年报告的结核病病例中，约有1%的人（约2 000例）对标准治疗没有反应。如前面所述，此类病例被称为广泛耐药结核病（MDR-TB）。在这2 000例病例中，只有76例对二线药物的治疗产生耐药性，即广泛耐药结核病。即使在资源和药物极为丰富的美国，据估计也只有30%～50%的活动性广泛耐药结核病患者可以被治愈。

在医疗资源相对不充足的国家，广泛耐药结核病造成的死亡人数可能会更多。在南非2005年暴发的一次广泛耐药结核病中，53名被诊断感染该菌株的患者中，有52人在表现出活动性疾病迹象后的1个月内死亡。世界卫生组织宣布结核病的再次出现为全球卫生紧急状况。

为什么我们在与结核病的斗争中失败了？我们能做些什么来控制它呢？要回答这些问题，我们需要理解进化性变化中的一个重要因素：自然选择。

Q2 生物为什么会朝着不同的方向进化？

生物是如何从一个共同祖先进化出我们如今看到的纷繁的多样化形态的？达尔文的自然选择理论在很大程度上对此进行了解释。在《物种起源》一书中，达尔文提出，自然选择的过程能够使生物提高生存或繁殖能力的生理或行为特征在种群中变得普遍，而对此相对不利的特征则会消失。自然选择给种群带来的变化积累起来，会带来新的物种。

达尔文推论说，自然选择的过程是种群中不同个体为生存而竞争的必然结果。现在，人们认为自然选择是进化最重要的原因之一（尽管还有其他原因，诸如第 13 章所述的遗传漂变和性选择过程也会导致种群随时间而变化）。

达尔文的观察

自然选择理论非常浅显易懂，是一个基于四种普通观察结果得出的推论。

1. 种群中的个体各不相同。对人类种群的观察可以支持这一论断，人类确实有不同的身型、肤色和面部特征。在非人类种群中也存在这样的差异，只是可能不那么明显。例如，一只母狼产下一窝灰狼，其中个体的毛色可能会各不相同；而在一片花丛中，某一植株可能会比其他植株更早开花（见图 2–5）。我们可以把各种不太明显的差异都归入可见的变化中。例如，在野生种群中，咖啡树种子的咖啡因含量也存在个体差异。种群中每一个与众不同的个体都被称为变种。

（a）毛色差异

（b）开花时间上的差异

图 2–5　种群中的个体各不相同

注：（a）虽然这些灰狼是母狼同一窝产下的，但它们的毛色各不相同。（b）花盛开的时间可能会有所不同，个别植株的开花时间比同一物种的其他植株早得多。

2. 个体中的一些变异可以遗传给后代。 尽管达尔文不明白这是如何发生的，但他观察到许多亲代和子代普遍相似的例子。他还注意到，人们会对其他物种的变异遗传加以利用。生活在达尔文时代的鸽子饲养员清楚地认识到了变异的遗传现象。例如，他们发现，相比于颈圈没有长毛的鸽子，颈圈长毛的鸽子更有可能生出颈圈长有长毛的后代。因此，当饲养员需要颈圈长有长毛的变种鸽子时，他们会偏向于使具有这种特性的鸽子进行繁殖（见图 2-6）。达尔文假设，在自然种群中，后代往往与亲代具有相同的特征。

图 2-6 个体中的一些变异可以遗传给后代

注：达尔文注意到，饲养者可以利用那些表现出奇异性状的鸽子作为亲代，从而培育出同样具有此性状的鸽群。

在《物种起源》发表后的几十年里，一些变异是可遗传的这一观察结果成了自然选择理论中最具争议的部分。由于科学家不能充分解释变异的起源和可遗传，许多人并不认同自然选择可能是导致进化性变化的一种机制。20 世纪初，当孟德尔关于豌豆遗传的研究被大众重新看见时，这种通过观察得出的机制变得清晰起来，即自然选择也是通过代代相传的遗传变异发挥的作用。

3. 生物种群繁殖很多后代，仅部分后代可以存活下来。 这一观察结果对我们大多数人来说都不陌生，每年夏天，公园里的树木会结出数百万颗种子，但其中只有一小部分能发芽，只有少数幼苗能存活一年或两年以上。

在《物种起源》一书中，达尔文形象地说明了后代的繁殖和生存之间的差异。以大象为例，大象寿命长，繁殖速度慢。母象要到 30 岁才开始生育，每 10 年产 1 头幼象，一直到 90 岁。达尔文计算，即使在这个非常低的繁殖率下，如果一对非洲大象的所有后代都能存活，并且这些后代一直在生育期继续繁殖后代，那么大约 500 年后，它们的家族成员将超过 1 500 万个（见图 2-7），那么非洲大陆上所有可食用的资源都将无法维持它们的生存！

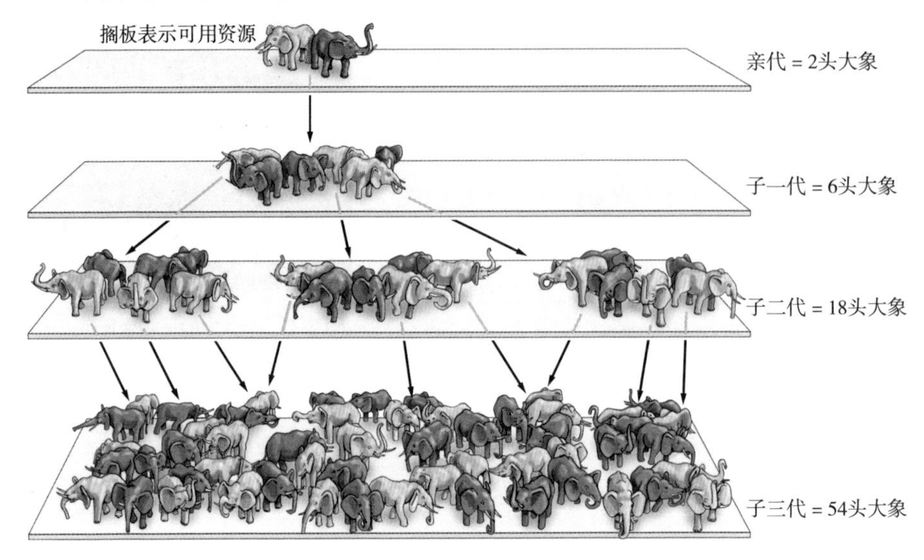

图 2-7　一对非洲大象繁殖的后代

注：即使是像大象这样繁殖速度缓慢的动物，也能相对较快地繁殖出大量后代。

4. 生存和繁殖不是随机的。换句话说，能够存活较长时间、可以繁殖的个体并不是随机出现的。在一个种群中，一些变种比其他变种具有更高的生存和繁殖可能性。也就是说，种群中的个体在生存和繁殖方面存在差异。在同一种群中，一个变种相对于其他变种的成功生存和繁殖的能力，被称为相对适合度。能够提高个体在特定环境中的相对适合度的特征，被称为适应。与不适应特定环境的个体相比，能够适应特定环境的个体更有可能生存和繁殖。换句话说，这些个体具有更高的相对适合度。

达尔文把生存和繁殖的差异产生的结果，称为自然选择。适应是由“自然选择”而来的，因为拥有适应性的个体能够生存下来并繁衍后代。虽然达尔文使用了“选择”一词，选择意味着某种主动挑选，但自然选择是一个被动的过程，它仅仅是由个体之间的差异和个体在特定环境中能否成功生存决定的。例如，在加拉帕戈斯群岛的一个岛屿上，科学家观察到一种被称为中嘴地雀的鸟类，当降雨稀少时，这种鸟较大的喙就是一种可以观测到的对环境的适应。我们可以这样解释这种大喙：具有这种特征的鸟类能够啄开又大又硬的种子，这些种子是在严重干旱时期它们能获得的唯一食物。如图 2–8 所示，在 1977 年一次干旱中幸存的 90 只地雀的平均喙厚度比原始种群中 751 只鸟的平均喙厚度增加了干旱中幸存的地雀的平均喙厚度比原始种群的平均喙厚度增加了 6%。在这样的环境条件下，大喙能提高地雀存活的可能性。

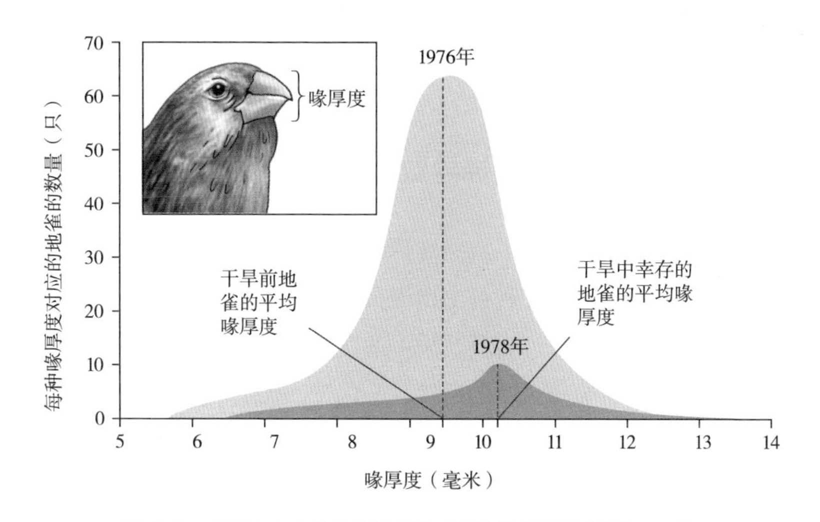

图 2-8　干旱中幸存的地雀的平均喙厚度比原始种群增加了 6%

注：浅紫色曲线代表了 1976 年加拉帕戈斯群岛达芙妮岛上地雀的喙的厚度。下面的深紫色曲线代表了经历 1977 年干旱之后，1978 年的地雀的喙厚度情况。这些数据表明，平均来说，在干旱中幸存的地雀比干旱前的地雀拥有更厚的喙。喙的平均厚度之所以发生变化，是因为在干旱期间，相比于喙厚度较小的地雀，喙厚度大于平均厚度的地雀有着更高的适合度。

适应不仅仅是有助于生存的特征，也是有助于个体繁殖更多后代，以超过种群中其他个体数量的特征。例如，对草地上的花来说，其潜在传粉昆虫数量相对有限。传粉者访花次数越多，一朵花所繁殖的种子就越多。因此，任何可以提升花朵对传粉者吸引力的特征，比如更鲜艳的颜色或更多的花蜜，都会受到自然选择的偏爱（见图 2–9）。

图 2-9　适应不仅仅是为了生存

注：如果一种变异可以增加花朵对传粉者的吸引力，那么它也可以帮助种子增加数量，从而提高其繁殖成功率。

达尔文的推论：自然选择导致进化

基于观察，达尔文推论出了自然选择的结果：随着时间的推移，在特定环境中有利的遗传变异往往会在种群中出现得越来越频繁，而在特定环境中不利的变异往往会在种群中消失。也就是说，适应在种群中变得更加常见，是因为这些可以适应的个体将繁殖更多的后代。一代又一代下来，自然选择使得种群中个体的性状发生变化，这就是进化。尽管还有其他因素能够导致种群随着时间的推移而进化，比如遗传漂变和个体迁移，但自然选择是唯一能够导致种群适应环境的因素。

这足以证明自然选择理论的力量，即使在今天，自然选择理论对我们来说也是不证自明的。但是，自然选择理论只有在按照达尔文描述的方式在自然界中得到检验和证明后，才会变得如此强大。自然选择证明了一个颠扑不破的观点，以至于它影响了我们看待许多现象的角度，从某个品牌的软饮的成功，到国与国之间的关系。自然选择也可以解释广泛耐药结核病的出现。

检验自然选择

达尔文为进化的发生提出了科学解释，但与所有已验证的假设一样，它需要被检验的过程。下面的这些检验方法，可以共同证明自然选择是导致进化性变化的一种有效机制。

人工选择。由人为挑选进行的选择被称为人工选择。这种选择是人为进行的，主要指人类刻意控制某种植物或动物的生存和繁殖，以改变该种群的特征。拥有有利性状的个体被允许繁殖，而缺少有利性状的个体则不被允许繁殖。

达尔文研究的奇异的鸽子就是由人工选择产生的，我们今天看到的大多数家养狗也是该过程的结果。培育者对特定性状进行选择，从而让不同的品种发生进化（见图 2-10）。这些例子表明，不同的生存和繁殖方式会改变种群的特征。然而，这些生物体的生存和繁殖是经由人类直接干预的，但人工选择并不完全等同于自然选择。想想看，如果没有人类的直接干预，这些种群会发生变化吗？

实验室中的自然选择。对自然选择有效性的另一个检验方法，是观察生活在人为操控的实验室环境中的种群是否会随时间变化而变化。一个典型的实验是将果蝇置于有着不同浓度酒精的环境中。

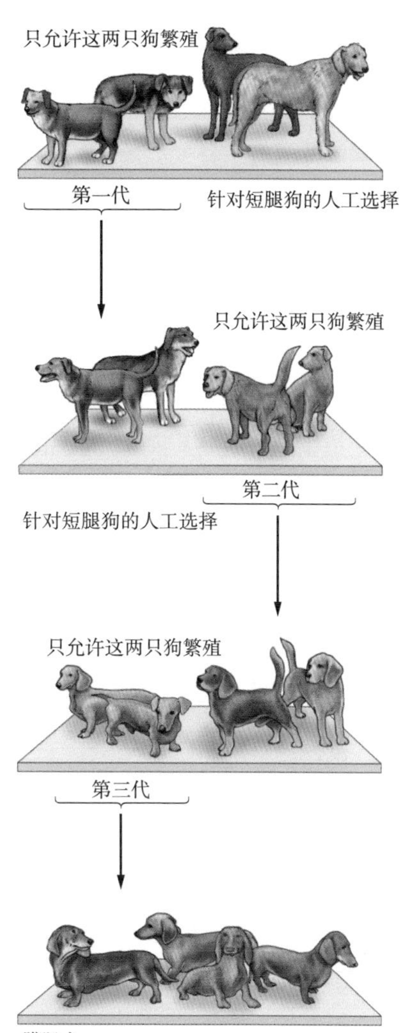

图 2-10 人工选择可以导致进化

注：当培育者选择具有某些性状的狗来繁殖下一代时，他们就提升了这种性状在种群中出现的频率。经过几代的时间，这种性状会变得越来越常见。腊肠犬就是那些被挑选出来的短腿狗的后代。

高浓度酒精会导致果蝇的细胞死亡。许多生物体，包括果蝇和人类，体内都有可以代谢酒精的酶。也就是说，果蝇和人都可以分解酒精，从酒精中提取能量，并将其转化为毒性较弱的化学物质。果蝇代谢酒精的速度各不相同。在常见的实验室环境中，大多数果蝇代谢酒精的速度相对较慢，但有大约 10%的果蝇体内有一种变异酶，拥有这种变异酶的果蝇代谢酒精的速度比拥有常见的酶的果蝇快一倍。

在一项实验中（见图 2-11），科学家将一个果蝇种群随机分成两组。一开始，这两组中可以快速代谢酒精和只能缓慢代谢酒精的果蝇比例是相同的。其中的一组果蝇被放置在有正常食物的环境中；而另一组则被放置在同样的食物环境中，但食物中加入了酒精。经过 57 代，也就是在实验室里待了大约两年，在只有正常食物来源的环境中，可以快速代谢酒精的果蝇所占比例与实验开始时相同，仍为 10%。但在食物中添加了酒精的环境中，可以快速代谢酒精的果蝇比例却变为 100%。由于该环境中的果蝇都拥有了可以快速代谢酒精的酶，因此该环境中第 57 代果蝇代谢酒精的平均速度远远高于第 1 代果蝇。种群发生了进化。

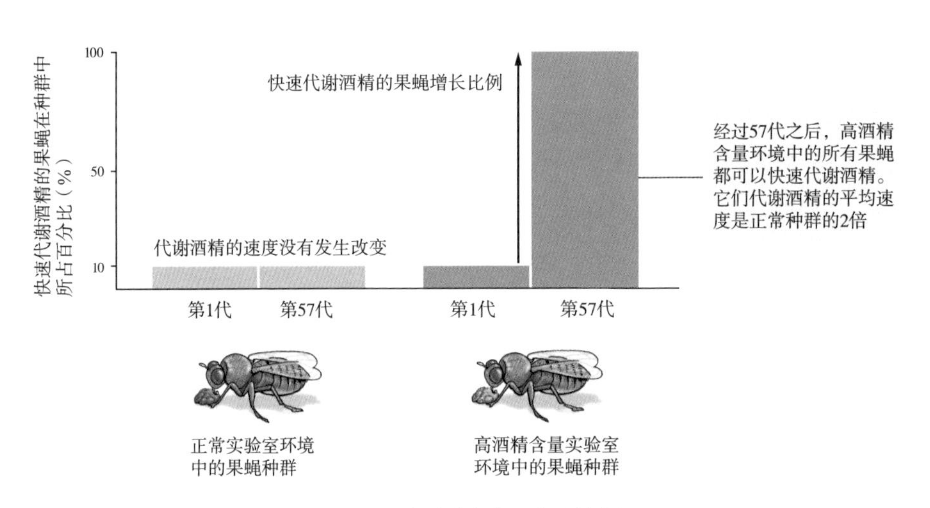

图 2-11　实验室条件下的自然选择

注：当果蝇被放置在高酒精含量环境中，由于自然选择，经过许多代，能够快速代谢酒精的果蝇比例会增加。而正常实验室环境下没有对快速代谢酒精的选择，所以果蝇代谢酒精的平均速度没有发生变化。

实验中果蝇的进化是自然选择的结果。在酒精浓度较高的环境中，能够相对较快地代谢酒精的个体具有更高的适合度。因为可以快速代谢酒精的果蝇活得更久，受酒精的影响更小，所以它们比只能缓慢代谢酒精的果蝇留下了更多的后代。因此，每一代果蝇都比上一代拥有更多可以快速代谢酒精的个体。经过许多代之后，能够快速代谢酒精的果蝇在种群中占据了主导地位。

在高度规范的实验室环境中，选择可以改变种群。那自然环境中的野生种群也会受到这样的影响吗？

野生种群中的自然选择。结核分枝杆菌从对抗生素易感到具有耐药性，这一进化就是野生种群中自然选择的一个例子。显然，环境的变化（抗生素的引入）导致了细菌种群的变化。在过去的 50 年里，其他几十种病原体，也就是致病的生物体，也对药物和杀虫剂产生了耐药性。但有些人仍然觉得这样的变化缺乏说服力，因为这种适应是针对人类强加的环境变化所产生的。尽管研究野生种群对自然环境变化的适应具有一定的挑战性，但科学家们已经在数十个野生种群中观察到了自然选择的影响。

自然环境下的自然选择有一个经典例子，即加拉帕戈斯群岛地雀为应对干旱而进化出了较厚的喙（见图 2–8）。干旱中幸存的地雀往往喙比较厚，这样的喙可以帮助它们更容易处理坚硬的种子，也就是干燥环境下它们更容易获取的食物。这部分非随机存活下来的鸟类也导致了下一代的巨大变化。1978 年，从蛋中孵出的鸟类，即干旱中幸存的地雀的后代，其喙的厚度比干旱前存活的地雀平均增加了 4% ～ 5%。

距今更近的一个自然选择导致进化的例子发生在过去的几十年里。在美国东海岸，一种入侵的亚洲蟹种对本地贻贝造成了巨大的破坏。但亚洲蟹种出现时，有一种名为蓝贻贝的物种迅速进化出了更厚的外壳，以抵御亚洲蟹的攻击（见图 2–12）。新罕布什尔大学的科学家比较了亚洲蟹入侵地区的蓝贻贝种群和亚洲蟹无法生存的北方水域里的蓝贻贝种群，确认了这是一种进化性变化。这些研究人员证明，尽管这两种贻贝种群为应对本土蟹种的存在，外壳厚度都增厚了，但只有与亚洲蟹处于同一生境的贻贝对该物种的存在做出了反应。很明显，对能够识别这种新的掠食者的蟹种，贻贝个体的自然选择导致了贻贝种群的变化。

（a）亚洲食草蟹

（b）蓝贻贝

图 2-12　自然环境下的自然选择

注：（a）亚洲食草蟹是最近入侵到美国东海岸的；对本地贻贝来说，它们是外来的捕食者，它们最先破坏了贻贝聚生地。（b）蓝贻贝中的一些种群已经进化出了识别亚洲蟹的能力，并能像应对本地的捕食者一样使外壳增厚几层来应对亚洲蟹。

Q3　人们对达尔文的自然选择理论有着哪些误解？

在《物种起源》一书中，查尔斯·达尔文提出了两大观点：共同祖先理论和自然选择理论。达尔文提出的共同祖先理论认为，现存活的所有物种都有可能是从共同祖先进化而来的，这一理论非常透彻，而且极具说服力。该书出版不到 20 年，大多数科学家就认同了共同祖先理论。然而，又过了 60 年，达尔文的自然选择理论才被科学界接受。

自然选择的思想已被应用于人类社会领域，例如分析某些公司或技术的成功或失败，但人们对自然选择在自然界的运作方式仍然常有误解。对于自然选择的常见误解可分为三类：个体与群体之间的关系、被选择的性状的局限性以及选择的最终结果。表 2-1 列举了你可能听说过的关于自然选择的陈述的例子，并简要解释了令人们对自然选择过程产生误解的每种表述。简而言之，自然选择的微妙之处可以被描述为以下三点：（1）自然选择仅作用于种群中存在的性状，而不作用于个体；（2）针对生物体面临的大多数情况，但并非所有情况，适应可能会给生物体带来好处；（3）自然选择可以导致生物体适应其当前所处的环境，而非未来的某些环境。

表 2-1 关于自然选择的误解

对自然选择的误解		自然选择实际是如何运作的
自然选择不能导致新的性状产生。 例子："渡渡鸟太笨拙，无法躲避人类的狩猎，因此必然灭绝。"		只有种群表现出来的性状才能被选择。渡渡鸟并非"笨拙"或不值得存在，只是这个种群中根本不存在具有可以躲避狩猎的性状的变种
自然选择不会导致绝对完美的性状。 例子："一些动物不能很好地适应环境。如果燕子很好地适应了北美的环境，那么它们就不必每年冬天都迁徙到热带地区了。"		自然选择不会导致某种理想化的完美状态，各种性状之间存在权衡取舍。燕子非常适合捕捉飞虫，而任何一个燕子变种，只要其生理变化能够让它以冬天的种子为食，其捕捉飞虫的能力就会降低；而这些变种将在夏季获取食物的竞争中失利
自然选择不会导致向某一目标的持续演变。 例子："如果自然选择可以使种群性状得到改善，那么为什么黑猩猩不能进化为人类？"		自然选择可以使生物体适应当前环境；这不是一个使生物体从简单变为复杂的过程。黑猩猩的进化使其适应了它们当前的状况。在它们的环境中，两足动物（人类）已经存在并充分利用了人类祖先最早使用的资源。那些使黑猩猩"更像人类"的性状不会胜出，因为人类早已在使用这些资源了

选择模式

正如达尔文所指出的，自然选择是一种导致种群性状随时间的变化而变化的力量。对这一过程的更现代的理解已经帮助科学家认识到，不同的环境条件可能会导致种群的变化，甚至会导致其分裂为两个物种。

不论是在高酒精环境中的果蝇，还是对抗生素的使用做出反应的细菌，它们所经历的自然选择类型被称为定向选择，因为它会导致种群性状朝特定方向改变（见图 2-13a）。定向选择通常是导致种群随时间的变化而变化的那类选择——在果蝇的例子中，种群变得更耐受酒精；在细菌的例子中，细菌变为耐抗生素菌株。

但是，在某些环境中，种群中的平均变种可能具有最高适合度，这会导致稳定选择。在稳定选择中，种群中的极端变种不会被选择，种群的性状基本保持不变（见图 2-13b）。例如，在人类中，新生儿存活与否与出生体重有关——极轻或极重的婴儿的存活率都较低，从而导致婴儿的平均出生体重随时间的推移变得相对稳定。稳定选择会使得种群倾向于在不变的环境中抵抗变化。

在某些情况下，最常见的变种可能具有最低的适合度，这会导致多样化选择，有时也被称为破坏性选择。多样化选择会导致由两个或多个变种组成的种群发生进化（见图 2-13c）。例如，美国新墨西哥州池塘中的锄足蟾有两种类型——大身型的食肉个体和小身型的食素个体。由于这些池塘中有着激烈的食物竞争，因此自然选择只能使这些个体更适合其中一种食物类型（不能同时兼顾两种），而且无论个体适合哪种食物类型，都会受到自然选择的青睐。

如果不同的亚种群有着不同的环境条件，那么多样化选择尤其可能发生在该物种内，因此使物种在一种环境中能够成功表达的性状可能无法使其在另一种环境中胜出。新物种产生的主要机制（将在第 13 章中探讨）就是多样化选择。

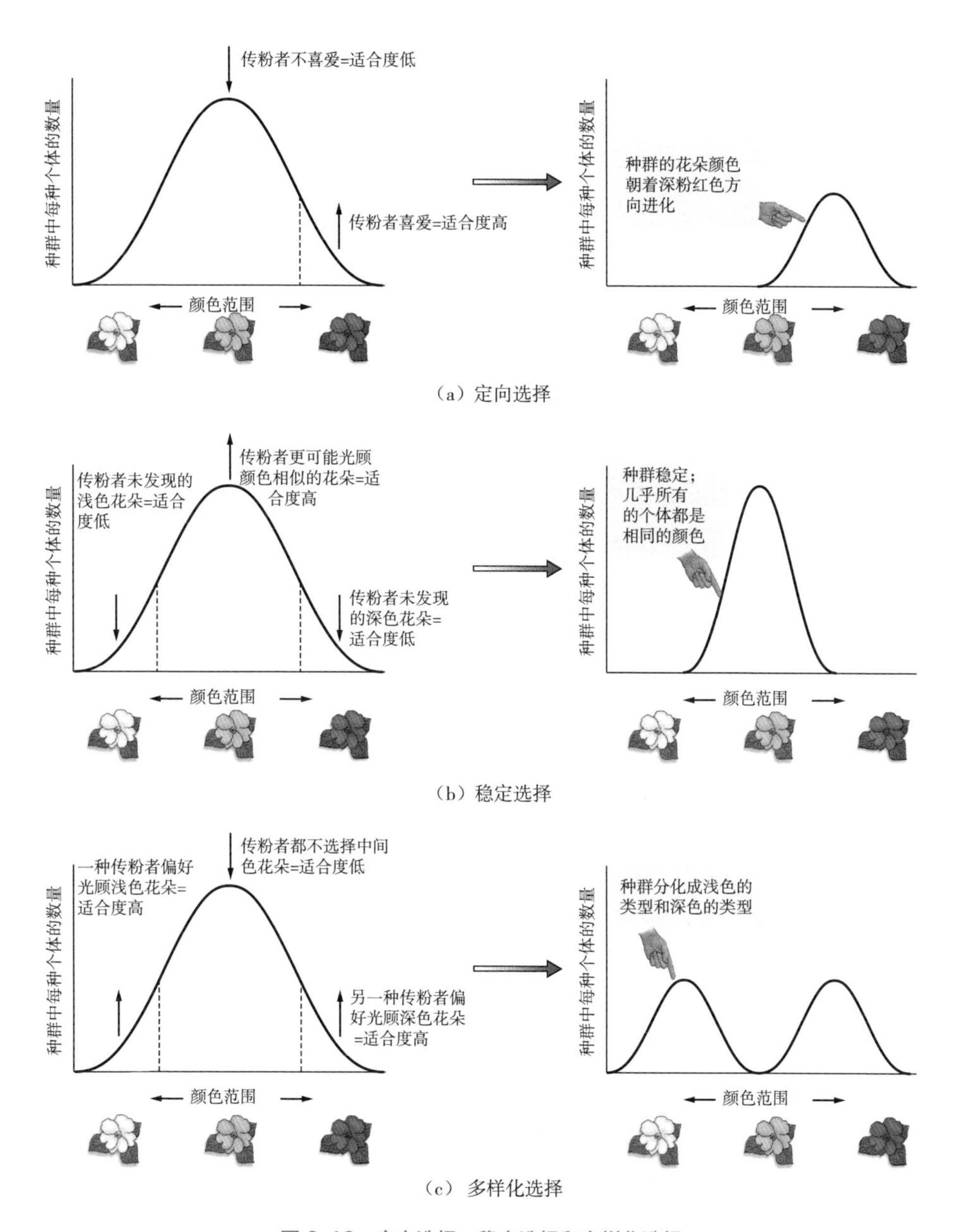

图 2-13 定向选择、稳定选择和多样化选择

注：在不同的种群中，不同的环境条件会导致不同类型的选择。

现代综合进化理论

在 20 世纪 30 年代和 40 年代，遗传学与进化论之间的结合被称为“现代综合进化理论”。现代综合进化理论概述了绝大多数生物学家所认同的进化性变化模型。

现代综合进化理论是基于许多遗传学原理（在第 6 章至第 10 章中已讨论）提出的，这些遗传原理包括：

- 基因是遗传物质（通常指 DNA）的片段，包含蛋白质分子结构的信息。
- 生物体内蛋白质的活动可以帮助实现其生理特征。
- 同一基因的不同版本被称为等位基因，而种群中个体的生理特征变异通常是由于它们携带的等位基因的变异造成的。
- 同一基因的不同等位基因通过突变而产生。突变就是 DNA 序列的改变。
- 父亲或母亲携带的等位基因中有一半通过精子或卵细胞传给后代。

我们可以用这些遗传学原理来解释那些暴露于高酒精环境中的果蝇。在这个种群中，控制酒精代谢的基因有两个等位基因。一个等位基因编码产生快速代谢酒精的酶，另一个等位基因编码产生缓慢代谢酒精的酶。在高酒精环境中，主要产生快速代谢酒精的酶的果蝇后代比主要产生缓慢代谢酒精的酶的果蝇后代更多，原因是它们存活的时间更长。因此，在主要由可以快速代谢酒精的果蝇繁殖的下一代中，种群中大多数果蝇遗传并携带了至少一个编码产生快速代谢酒精的酶的等位基因。这可以解释为什么我们现在将种群的进化描述为特定基因的等位基因出现频率的增加或减少。

果蝇中代谢酒精的两种不同的等位基因的存在表明，其中一个等位基因是另一个等位基因的突变形式。在正常实验室环境中，这些等位基因似乎都没有对适应度产生强烈影响。由于有缓慢代谢酒精的酶的果蝇比有快速代谢酒精的酶的果蝇数量更多，因此对低酒精环境中携带可以快速代谢酒精的酶的果蝇似乎有些不利。但是，在高酒精环境中，突变导致的可以快速代谢酒精的等位基因具有很强的优势，而且其在种群中的存在可以促进种群的进化（见图 2–14）。现在，科学家们认识到，基因突变的随机过程会为进化提供原始材料，即变异，而自然选择会充当筛选器，主要作用是选择或不选择由突变产生的新等位基因。

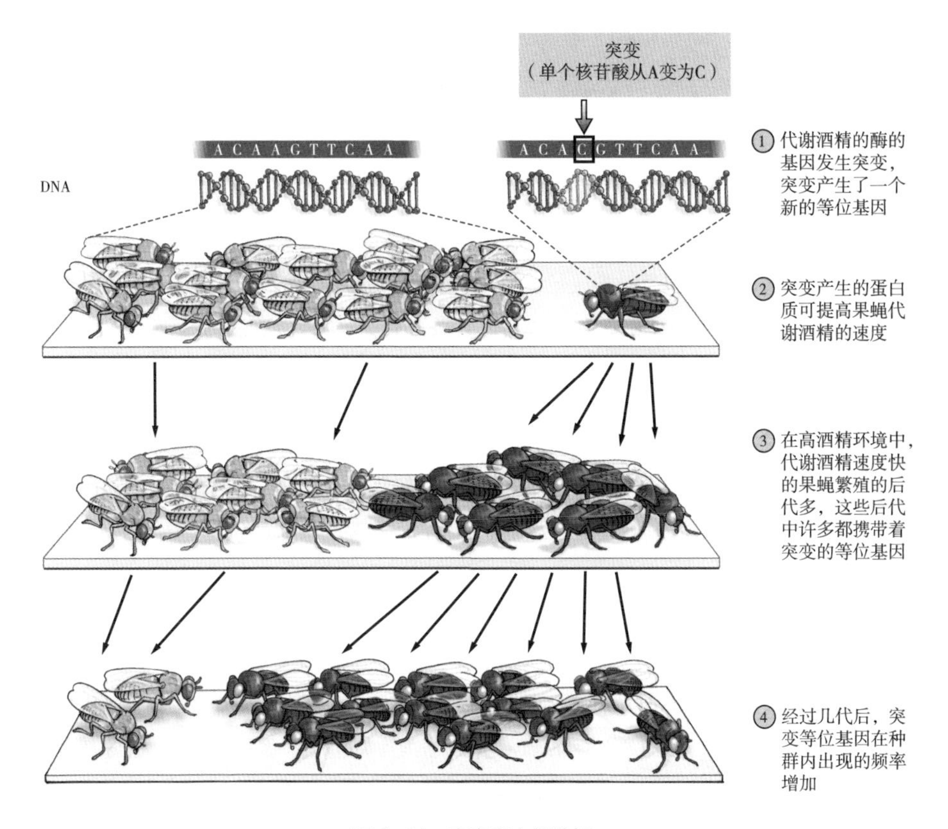

图 2–14　突变和自然选择

注：基因突变后，其产物的活性可能略有不同。如果新的活性可以让携带突变基因的个体的适应度增加，那么通过自然选择的过程，它将在群体中变得更加普遍。

Q4 自然选择能帮助我们最终战胜结核病吗?

细菌既然能迅速进化出对抗生素的耐药性，人类为什么不能进化出对细菌的抵抗力呢？自然选择难道不能将我们从这些病原体中拯救出来吗？

健康个体对长期结核病，甚至对活动性疾病的易感程度显然存在差异。鉴于这种遗传变异的存在以及暴露于这种致命细菌的个体在能否生存上的差异，我们是否可以期望通过自然选择，人类进化出对结核分枝杆菌的抵抗力呢？

我们应该记住，最终，也许自然选择的发生是由于个体在一段时间内出现了生存和繁殖方面的差异。简而言之，要使整个人类对这种细菌产生抵抗力，不具备抵抗力的变种必须从人类中彻底消失才行。自从结核病入侵人类以来，这个过程在 6 000 多年中从未发生过。由于大多数不具备抵抗力的人甚至从来没有暴露于有结核分枝杆菌的环境中，这些人也在继续生存和繁殖，因此这些不具备抵抗力的变种可能永远不会从人类中消失。显然，仅靠人类的未来进化是不可能解决耐抗生素超级细菌的问题。

但是，还记得自然选择不会导致绝对完美的生物体吗？自然选择产生的只有那些在当前环境条件下具有有效性状的生物体。在结核分枝杆菌中，对多种抗生素具有耐药性的变种传播到其他个体的可能性也极小。换句话说，抗生素耐药性是降低细菌细胞在正常条件下生存和繁殖的活性的一种权衡。这给人们带来了希望：当结核病在脆弱的人群中暴发时，如果人们做出快速的应对措施，那么就可以遏制这种危险病原体的传播。

自然选择也以其他方式帮助我们对抗结核病。通过塑造人类大脑以应对环境的挑战，自然选择为我们提供了一种抵抗这种疾病的强大工具——人类的智慧。了解这种疾病的传播方式已经帮助预防了成千上万个新感染病例的发生，而抗生素的开发又遏制了数以百万计的潜在感染病例的发生。可以通过刺激免疫系统预防首次感染的疫苗正在研发中，它有希望最终彻底消除这种疾病。

结核病符合达尔文的观察结果

结核分枝杆菌通过自然选择进化出了对抗生素的耐药性，因为它满足了达尔文观察和记录的所有必要条件。

1. **种群中的生物体各不相同。**隐藏在肺中的细菌在肺部进行繁殖。只要有繁殖，就会有突变发生。其结果是，即使在药物治疗期间，结核分枝杆菌的新变种也会不断出现。其中一些变种含有可以使某些抗生素失效或被削弱的蛋白质，使细菌对这些药物更具耐药性。

2. **生物体的变异可以传递给后代。**导致细菌产生耐药性的性状由细菌的DNA 编码形成。当细胞分裂繁殖时，它会复制该 DNA，并将其及其性状传递给其子细胞。细菌还可以通过直接转移 DNA 片段，将变异从一个细菌细胞传递到另一个细菌细胞。这种类型的遗传不会在人类这样的多细胞生物中发生，但是它不会改变变异是可遗传的这一基本原理。

3. **仅有部分经繁殖后的生物体可以存活。**抗生素治疗可以消除感染者体内的大部分细菌。

4. **生物体的生存不是随机的。**若细菌细胞具有使其对抗生素更具耐药性的性状，则它们比耐药性较弱的细菌细胞更有可能存活下来。

由于耐抗生素变种的适合度增加，因此这些变种在细菌的后代中所占的比例就更高了。也就是说，种群进化到对药物治疗产生了耐药性。

在科学家开始使用抗生素来治疗结核病后，他们立即注意到一些个体在看似治疗成功后会再次发病。更令人困扰的是，这些复发性感染比最初的感染更难治疗。直到科学家将对自然选择的理解应用到结核病治疗上后，他们才研发出了有效的、长期的治疗方法。

结核病的早期治疗策略有两大特征，这两大特征实际上加速了细菌耐药性的发展。第一个特征是使用药物的时间太短，第二个特征是针对活动性结核病患者，一次仅使用一种抗生素。

耐药性的选择

抗生素之所以有效，是因为它们帮患者赢得了时间，患者可以用自己的免疫系统控制细菌感染。通过使细菌数量维持在较低水平，抗生素可以使人体投入能量来产生免疫反应，避免因为感染而丧失能量。

由于感染个体中的大多数结核分枝杆菌都对抗生素易感，因此持续几天的治疗可以消灭大多数结核分枝杆菌。一旦大多数细菌死亡，患者就会感觉好多了，因为这种疾病使人感觉最虚弱的症状，例如发热、严重咳嗽，减少或消失了。但是，少数对抗生素更具耐药性的细菌需要更长的时间才能被杀死。如果患者病情一旦好转就立即停止药物治疗（这是早期治疗方案中的典型模式），则任何残留的耐药细菌都会继续繁殖并使感染复发。因此，耐药菌株产生了。而且，由于这个新的细菌种群具有更强的耐药性，因此复发的感染将更难控制（见图 2–15）。随着患者体内耐药细菌数量的增加，细菌出现突变的概率也会增加，突变使细菌对抗生素产生强烈的耐药性。如果患者此时返回社区，那么对最常用的有效药物具有高度耐药性的疾病可能会开始传播。

阻断耐药性

控制结核分枝杆菌耐药性的发展，首先需要消除促进其发展的因素。一种策略是使药物治疗维持数月，直到患者身上所有细菌感染的迹象消失。另一种是在活动性感染者身上使用多种药物，以避免选择种群中已存在的强耐药性变种。

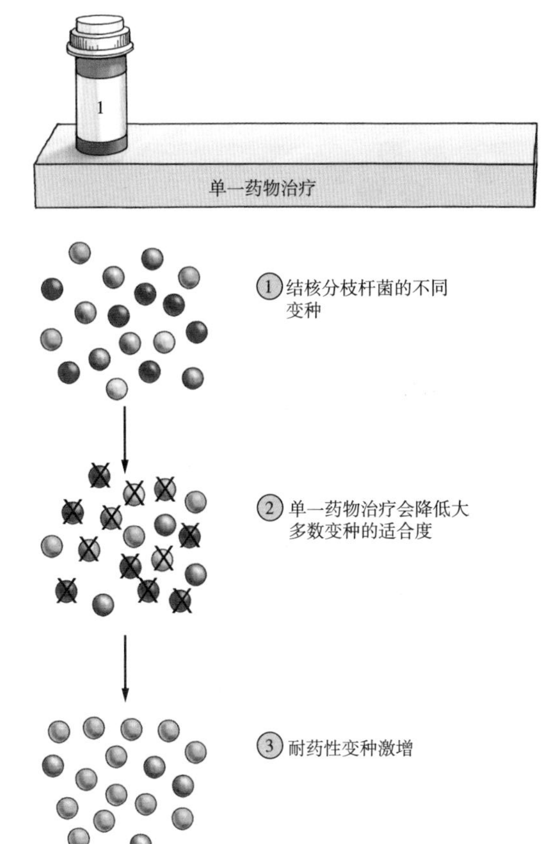

图 2-15　结核病的定向选择

注：在结核分枝杆菌的可变种群中，某些细胞可能对特定抗生素更具耐药性。当使用这种抗生素时，这些耐药性变种可以存活并继续繁殖，结果则产生对抗生素具有耐药性的种群。

联合药物疗法，也称药物鸡尾酒疗法，通常用于对一种药物产生快速耐药性的疾病。导致艾滋病的 HIV 病毒就是一个例子。联合药物治疗的有效性基于以下事实：所用药物的种类越多，细菌基因组产生耐药性所需应对的变化就越多。

细菌变种对一种药物产生耐药性的可能性相对较小，但在携带十亿种不同细菌变种的患者身上这种可能性仍然很大。但是，在鸡尾酒疗法中，细菌变种对两种或三种药物产生耐药性的可能性极小。换句话说，在所有细菌中，对一种药物产生耐药性的细菌存在的可能性，就好像在 10 亿个买彩票的人中持有中奖彩票的只有一个人——相对来说还是有可能的。而一个变种对几种不同药物产生耐药性的可能性，就好像同一中奖者连续几次中奖——这种可能性几乎是不存在的。如同买彩票连续两次中奖极为罕见，结核分枝杆菌也很难适应同时面对两种“致命药物”的环境（见图 2-16）。

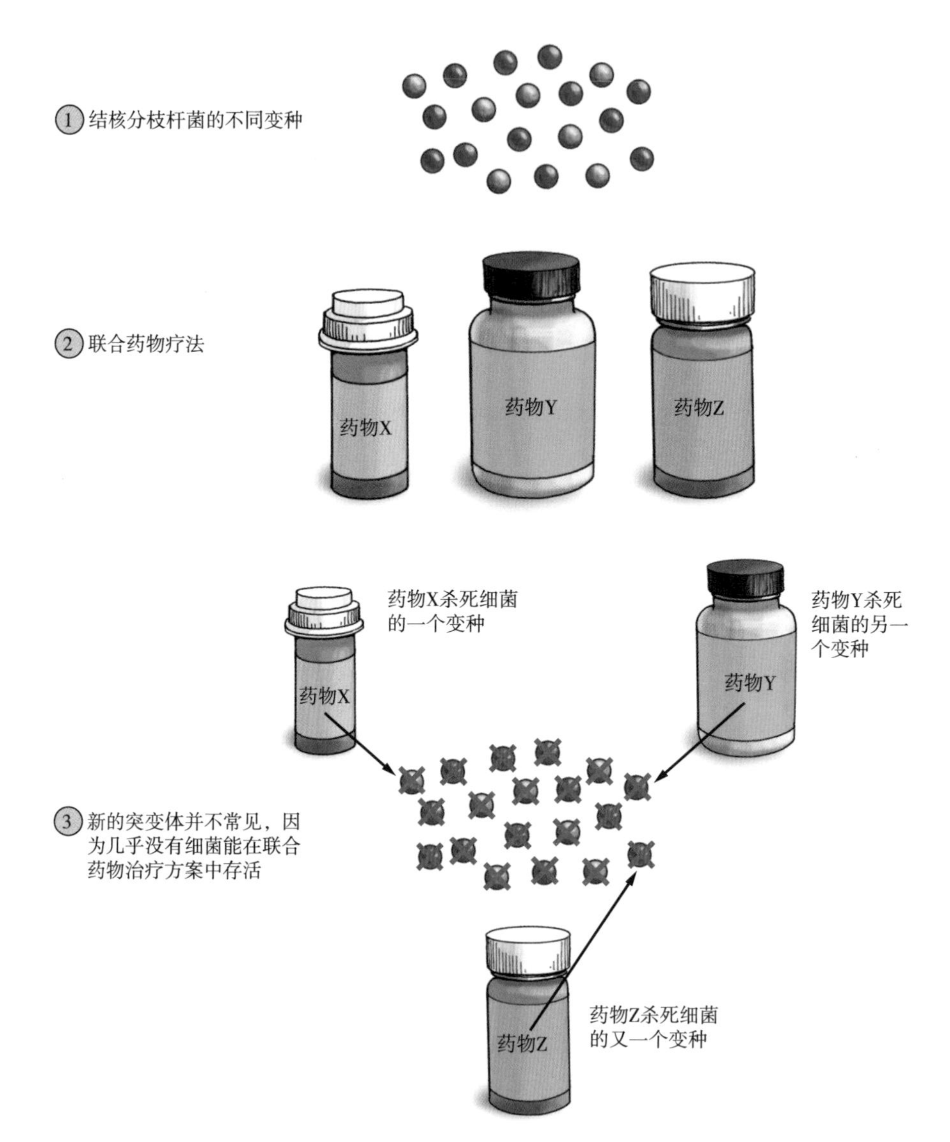

图 2-16　联合药物疗法可预防抗生素耐药性

注：联合使用多种抗生素，会使结核分枝杆菌的生存环境变得更加恶劣，并降低了具有多种耐药性的变种进化的可能性。

如果科学家们在 20 世纪 40 年代就已经有了对付细菌耐药性的经验，为什么耐药结核分枝杆菌到现在还会卷土重来？这主要是因为公共卫生研究人员放松了警惕，没有持续关注结核病患者，确保患者坚持服用药物 12 个月，清除所有入侵的细菌。这并不奇怪，因为处方药都有很大的副作用。这种现实意味着，广泛耐药结核病在美国的传播风险并不是仅限于印度游客的到访。成千上万的结核病患者未能完整遵循治疗方案，导致了这种危险变种的发展。有了这样的认识后，如果我们能够采取那些关注患者个体的长期治疗并将这种治疗带到服务欠缺的社区等公共卫生策略，那么就可以有效遏制更多的广泛耐药结核病病例。

不足为奇的是，结核病并不是唯一能产生耐药性的细菌性疾病，这在很大程度上是由于抗生素治疗不充分所致。MRSA，一种耐甲氧西林的金黄色葡萄球菌，是另一种在过去很容易控制的细菌，现已进化成一种更加危险且致命的细菌类型（见图 2-17）。还有其他几十种在过去很容易用抗生素治疗的细菌病原体，现在包含对一种或多种抗生素具有耐药性的菌株，包括导致耳部感染、性传播疾病、肺炎的多种微生物。

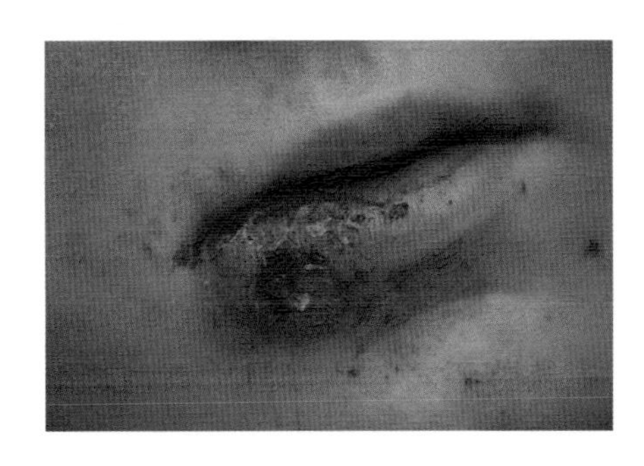

图 2-17　感染耐甲氧西林金黄色葡萄球菌的疮口

注：皮肤感染葡萄球菌的情况较为常见，会引起类似这样的疮口。但是，如果使用抗生素也无法根治，葡萄球菌就会发展成全身性疾病，严重者可能致命。

抗生素耐药性的提升不仅源于患者未能坚持药物治疗，还源于过度使用了这些药物。抗生素经常被错误地开给病毒感染者，例如，抗生素对于治疗普通感冒并不起作用，只会让那些过去容易控制的细菌产生耐药性。畜牧业中也存在滥用抗生素的现象：它们被用在家禽、奶牛和猪身上，以促进其生长——其作用机制尚不清楚，但补充抗生素可使它们体重增加多达 10%。耐药性也不仅限于细菌，同样的进化过程也发生在病毒，比如 HIV 和其他病原体中，比如引起疟疾的原生生物中。

为了阻止这些对抗生素具有耐药性的“超级细菌”的发展，患者和医生必须理智地使用抗生素。但是，也许进化还有另一个妙招能给我们带来希望。

在美国中西部旅游中感染广泛耐药结核病的旅行者的故事从新闻中消失了，因为这个旅行者似乎没有将传染病传播给其他任何人，但是这种感染仍然会对全球造成很大威胁。结核病已经不再是人类无法战胜的敌人了。由于人类对自然选择的重视，我们可以更加理智地使用抗生素，无需再畏惧结核病的存在。

要点回顾

BIOLOGY：SCIENCE FOR LIFE >>>

- 抗生素出现后，结核病已不再是不治之症，而变成了一种可以治疗的疾病。但是，目前也出现了很多结核病细菌的变种，它们对大多数抗生素都具有耐药性。

- 生存和繁殖不是随机的。有利的性状被称为适应，可以增加个体的适合度，适合度就是个体生存或繁殖的能力。

- 自然选择只能对种群中当前存在的变种起作用。自然选择会使得种群更好地适应其环境，但由于权衡取舍，它们通常不能完全适应。自然选择无法将种群正好推向预定的“目标”。

- 由于大多数不具备抵抗力的人甚至从来没有暴露于有结核分枝杆菌的环境中，这些人也在继续生存和繁殖，因此结核病可能永远不会从人类中消失。

BIOLOGY

SCIENCE FOR LIFE

03

为什么人类存在不同的种群？

妙趣横生的生物学课堂

- 什么是物种?
- 物种是怎么形成的?
- 人种的划分有科学依据吗?
- 人类种群之间为什么存在差异?

BIOLOGY：SCIENCE FOR LIFE >>>

这是2016年夏季奥运会最令人难忘的画面之一。人们此前认为，美国游泳队选手西蒙妮·曼努埃尔（Simone Manuel）赢得100米自由泳奖牌的希望不大。而此刻，当她转身看向记分牌时，她惊喜地发现自己赢了。对许多人来说，曼努埃尔的胜利不仅仅代表着她个人的胜利，在现代奥林匹克运动会120年的历史上，她是首位摘得个人游泳金牌的非裔美籍女性，她的名字将被载入史册。

几十年来，非裔美国人与其他种族的运动员一样，在夏季奥林匹克运动会中达到了较高水平。但是直到近年，参加游泳比赛的非裔美国人仍然少之又少。即使是现在，尽管非裔美国人约占美国总人口的12%，但在2015年美国游泳协会会员表上注明自己种族的17.8万多名职业竞技运动员中，只有不到4 000名非裔美国人，仅占总数的不到2%。为什么参加这项运动的非裔人士如此之少？

曼努埃尔的获胜打破了关于黑人女性（和男性）在游泳中处于“先天劣势”的错误说法。曼努埃尔在夺冠后举行的新闻发布会上提及了这种固有的偏见，她说：“‘黑人游泳选手’这个身份让人觉得我不可能夺得金牌，也不可能打破纪录。”她也对早年奥运会上的非裔美籍游泳运动员表示感谢，其中包括2004年和2008年奥运会男子游泳比赛的金牌得主卡伦·琼斯（Cullen

Jones），因为在他们的激励下，她才在这项对她极具挑战性的运动中坚持了下来。

从曼努埃尔的话中我们可以清楚地发现，非裔美国人在游泳方面处于“先天劣势”的误导性论断极大地影响了她的自信心，然而，这种论断并没有事实根据。而它之所以对人们产生了影响，是因为它恰好符合了容易让人误解的普遍规律。也就是说，它让人相信人种之间存在许多先天性差异。在过去的几十年中，生物学研究检验了这些所谓先天性差异的证据，发现其缺乏说服力，或者毫无说服力。这类研究得出的结论是，在外在差异的表象之下，人类基本上是相同的。

Q1 什么是物种？

所有人类都属于同一物种。在了解“种族”的概念之前，我们首先需要了解“物种”的含义。

在 18 世纪中期，瑞典科学家卡尔·林奈开始对自然界进行分类。林奈提出了一种分类方案，这种分类法是根据生物共有的性状对生物体进行分类。该分类系统中的主要类别是物种。林奈给每个物种都取了一个名称，每个名称由两部分组成——名称的第一部分表示属，或更宽泛的群体；第二部分表示特定于该属中的一个亚群。狮子与其他像豹子那样会咆哮的猫科动物属于同一属（见图 3-1）。

林奈通过双名法创造了 *Homo sapiens*（智人，*Homo* 表示“人”，*sapiens* 表示“知道或智慧”）这个名称来描述人类物种。现代生物学家保留了基本的林奈分类法，不过他们在此基础上增加了一个亚种名称——“*Homo sapiens sapiens*”，以区分现代人类和生活在大约 25 万年前的早期人类。人类的其他亚种包括尼安德特人（Neanderthals），也被称为智人尼安德特人（*Homo sapiens neanderthalensis*）。

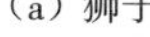

（a）狮子

（b）豹子

图 3-1　同一属的不同物种

生物物种概念

尽管大多数人可以直观地了解大多数物种之间的差异——狮子和豹子肯定都是猫科动物，但不属于同一物种——但是生物学家一直没能对物种的单一定义达成一致。最常用的物种定义被称为生物物种概念。

生物物种之间是有生殖隔离的。根据生物物种概念，一个物种之所以被定义为一个生物群体，是因为其成员之间可以交配并产生可育后代，但不能与其他物种成员繁殖后代。这个定义可能很难广泛应用。例如，无性繁殖的物种（例如大多数细菌）和我们仅通过化石才能了解的物种很难符合该物种概念。但是，生物物种概念确实有助于我们理解为什么物种彼此不同。

回想一下，个体之间的性状差异部分是由于其基因的差异引起的，而一个基因的不同形式被称为该基因的等位基因。通过进化，特定的等位基因可以在物种中变得更常见。如果没有发生异种交配，那么该等位基因就不会从一个物种传播到另一个物种。这样，两个物种在进化中就会产生差异。例如，各种证据表明，狮子和豹子的共同祖先有带斑点的皮毛。使得狮子皮毛上的斑点消失不见的等位基因在狮子中出现并传播，但该等位基因却未在豹子中出现。决定着皮毛无斑点的等位基因尚未转移到豹子种群中，因为狮子和豹子之间无法异种交配。

科学家把在一个物种的所有个体中发现的所有等位基因称为该物种的基因库。基因库中等位基因出现频率的改变只能在生物物种内发生。

生殖隔离的本质。等位基因在物种的整个基因库中的传播被称为基因流动。不同生物物种之间不会发生基因流动，因为它们之间的配对不能产生可育后代。这种生殖隔离一般有两种形式：受精前障碍或受精后障碍，表 3–1 对此进行了总结。

表 3-1　生殖隔离的机制

类型	作用	例子
受精前障碍	使受精无法发生	
空间隔离	不同物种的个体不会相互接触	北极熊（北极）和眼镜熊（南美）在自然环境中永远不会相遇
行为隔离	寻求交配的惯例行为在不同物种中是不同的	许多鸟通过歌声或“舞蹈”寻求交配，它们不会与没有该习性的个体交配
机械隔离	不同物种之间的性器官不相容，因此精子无法到达卵细胞	许多具有“锁匙式”生殖器的昆虫从生理上阻止了其精子与其他物种的卵细胞接触
时间隔离	不同物种的繁殖时间不同	开花期不同的植物不能相互完成受精

续表

类型	作用	例子
配子隔离	卵细胞上允许与精子结合的蛋白质不能与其他物种的精子结合	具有体外受精能力的动物，例如海绵，其卵细胞上具有特定的蛋白质，这些蛋白质决定了其卵细胞仅能与相同物种的精子结合 
受精后障碍	受精发生	但杂种无法繁殖后代
杂种不活	由于遗传指令不完整，受精卵不能完成发育	绵羊和山羊杂交可以形成胚胎，但是胚胎会在发育的早期死亡
杂种不育	杂种生物体不能产生后代，因为其染色体数量为奇数	骡子（见图 3-2）

从上表可以看出，大多数生殖隔离机制是在无形中产生的，有的发生在交配或受精之前，有的发生在交配或受精之后不久。两个不同物种之间交配产生的后代，即杂种后代，它们通常是不育的。不同物种间交配产生的杂种里，骡子是众所周知的一个例子，它是由马和驴杂交产生的。骡子是极佳的农场动物，但它们不能产生自己的后代，因此不能代表真正的独立物种。

杂种不可育的情况经常发生，因为杂种个体不能产生可育精子或卵细胞。在卵细胞和精子产生的过程中，同源染色体在减数分裂的第一个细胞分裂过程中配对并分离。由于杂种是经由两个不同物种的染色体组合形成的，其染色体不是同源的，因此在此过程中无法正确配对。

以骡子为例，马的亲代具有 64 条染色体，因此产生的卵细胞或精子的染色体为 32 条。驴的亲代有 62 条染色体，产生的卵细胞或精子的染色体为 31 条。

因此，骡子的染色体数量为奇数，即 63，在减数分裂的第一次分裂过程中无法一一配对（见图 3–2）。但令人难以置信的是，仍有极少数母骡产下了后代，但这种情况十分罕见，驴和马的基因库仍然是分开的。

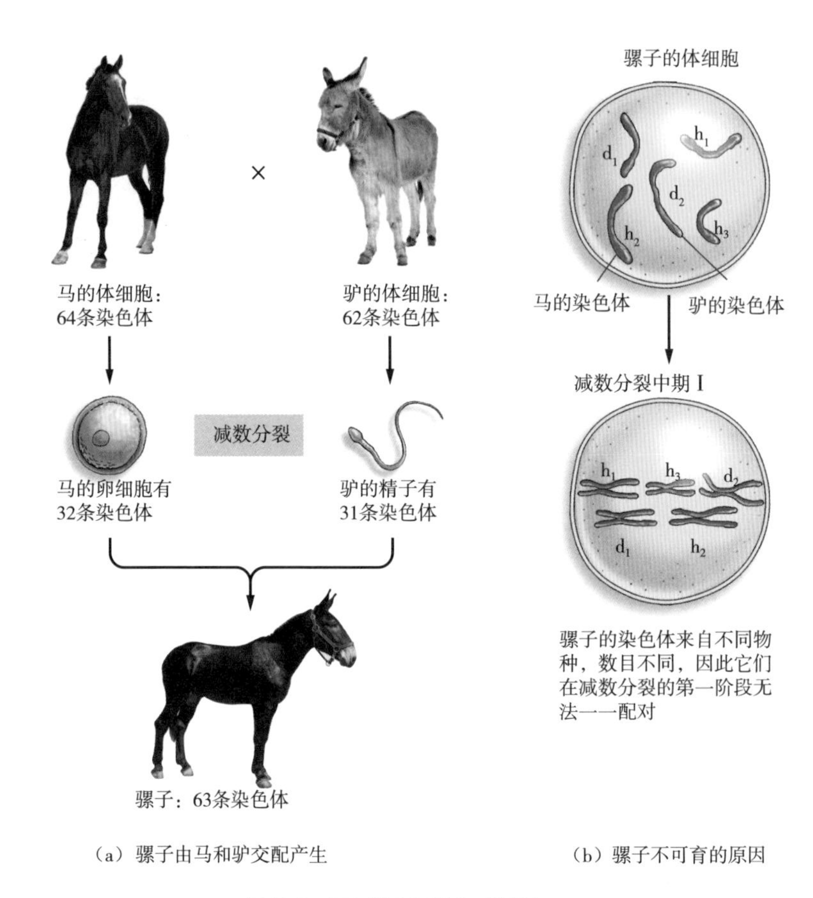

（a）骡子由马和驴交配产生　　（b）骡子不可育的原因

图 3–2　马与驴之间的生殖隔离

注：雌马与雄驴的杂交产生了具有 63 条染色体的骡子。（a）骡子仅产生极少的卵细胞或精子，因为它们的染色体在减数分裂过程中无法一一配对。（b）为了简化，图中仅列出了少量的染色体。

按照生物物种的定义，很显然，所有人类都属于同一生物物种。但是，要了解物种内种族的概念，我们必须首先了解物种的形成方式。

Q2 物种是怎么形成的？

根据共同祖先理论，所有现代生物体都起源于一个共同祖先。那么，这个共同祖先是如何分化出不同的物种的呢？

一个或多个物种从一个祖先形态进化而来的过程被称为物种形成。一个物种要产生一个新物种，必须经过三个步骤（见图 3-3）：

- 物种的亚群或物种种群的基因库隔离。
- 一个或两个隔离种群的基因库中发生进化性变化。
- 这些种群之间生殖隔离的进化发生，阻止了未来任何的基因流动。

试想一下，当一个物种内发生繁殖时，就会发生基因流动。如果一个物种的两个种群在物理上彼此隔离，以至于这两个种群中的个体无法在种群间移动，那将会发生什么？即使这两个种群中的个体之间的交配没有遗传或行为屏障，它们之间的基因流动也会停止。

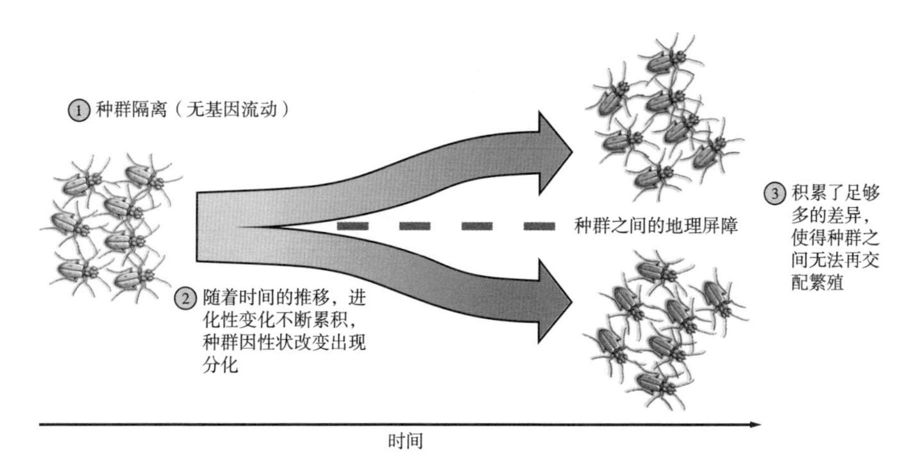

图 3-3　物种形成

注：隔离种群因性状改变产生分化。分化可能导致生殖隔离，从而形成新的物种。

基因库的隔离和分化

种群的基因库彼此隔离可能有多种原因。通常，当种群中的一小部分迁移到远离主要种群的地方时，它们就会被隔离开。许多海洋岛屿上的物种就是这种情况。这些岛屿上的鸟类、爬行动物、植物和昆虫物种似乎是来自附近大陆的物种的后代（见图 3–4）。最初，它们的祖先是因为一次偶然的迁移而到达这些岛屿的：有些是被狂风吹到岛屿上的，夏威夷蜜旋木雀的祖先亚洲雀很可能就属于这种情况；有些是随着植物筏子漂流而来的，例如加拉帕戈斯群岛的海鬣蜥。

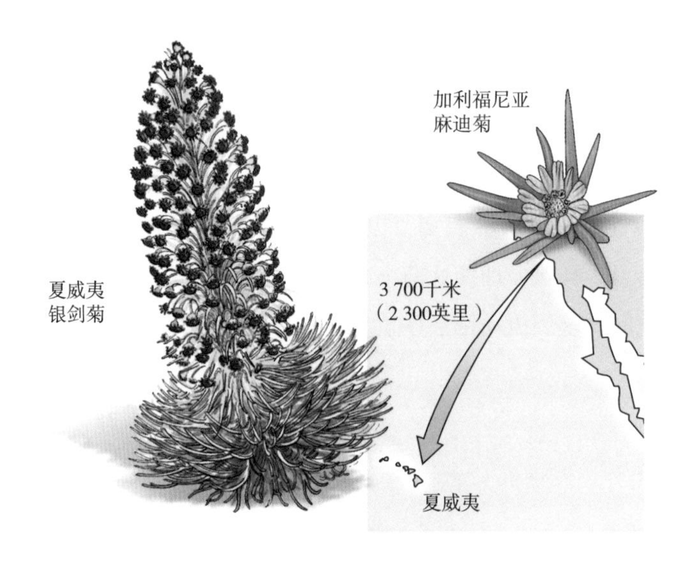

图 3–4　迁移导致物种形成

注：加利福尼亚麻迪菊的种子被风或鸟类携带到夏威夷群岛，形成了被隔离的种群。由于加利福尼亚的种群和夏威夷的种群之间没有基因流动，所以麻迪菊这种通过迁移而形成的生物群体进化出了一种与众不同的物种种群，即夏威夷银剑菊。

在远离原始种群的地方建立新种群可能导致一些新物种的进化，这一过程被称为适应辐射。根据这一假设，海洋岛屿上以及被隔离的沼泽、洞穴和湖泊中独特物种的多样性，就是由于原始物种通过迁移到达这些曾经“空无一物”

的环境中，迅速分化为多种物种而形成的。

种群也可能由于地理屏障的侵入而彼此隔离，这可能会像山脉缓缓隆起一样逐渐形成，也可能像河流突然改道一样迅速形成。巴拿马地峡的出现就是一个很好的地理屏障侵入的例子。在距今 600 ～ 300 万年前，巴拿马地峡的出现将太平洋与加勒比海分隔开。科学家已经对其周围的数十对水生物种进行了描述，而其中的每对水生物种都是由生活在地峡两侧的成员组成。自其祖先物种被地峡分隔以来的 600 万年间，遗传变化在地峡两侧独立积累，每对成员现在都已经成为独立的物种。因为距离或屏障彼此隔离的种群被称为异域种群。

然而，即使这两个种群居住得很近，也就是说如果它们是同域种群，两个种群的基因库也可能发生隔离。苹果实蝇的种群似乎就是这种情况。苹果实蝇是生长在北美东北部的苹果树上的常见害虫。然而，苹果树并非产自当地，它们是在不到 300 年前首次进入该大陆的。苹果蝇还会影响山楂的果实，而山楂灌木是北美本地的一种物种。

即使苹果和山楂几乎在同一区域生长，但由于这两种植物的果实在不同的时间成熟，因此这两种植物上的果蝇几乎没有交配的机会（见图 3–5）。因此，在喜好苹果的果蝇种群和喜好山楂的果蝇种群之间似乎没有基因流动。由于没有基因流动，两种果蝇种群便开始分化——两种果蝇种群的基因库现在在某些等位基因出现的频率上有很大差异。尽管这两种种群尚未被视作各自独立的生物物种，但它们可能继续分化，最终在繁殖上彼此不亲和[①]。

在植物中，即使没有种群之间的障碍，基因库的隔离也可能瞬时发生。两个植物物种之间的简单杂交通常是不育的，因为它不能产生配子（与骡子的

① 指在有性生殖过程中由于生物个体的细胞或组织水平上的不协调而使受精或接合不能正常进行，使受精后不能产生后代的现象。

——编者注

情况类似，见图 3–2）。但是，如果在有丝分裂期间发生错误，产生的细胞包含复制的染色体，那么一些杂种植物仍是可育的。染色体复制的过程叫作多倍化，它产生的细胞中包含来自每个亲代物种的每条染色体的两个副本。如果多倍化发生在植物的芽内，则从该芽中长出的分枝中的所有细胞都将是多倍体，包含每条染色体的两个相同的副本（见图 3–6）。

因为现在多倍体细胞包含成对的相同染色体，所以减数分裂可以继续进行，因此分枝上产生的花朵可以产生卵细胞和精子。然后，多倍体花可以自我受精并产生数百个后代，代表着与其亲代植物相隔离的全新物种的形成。最近的研究表明，这种瞬时物种形成过程可能是多达 50% 的开花植物物种形成的关键因素。多倍化也发生在某些动物群体中，例如昆虫和青蛙。

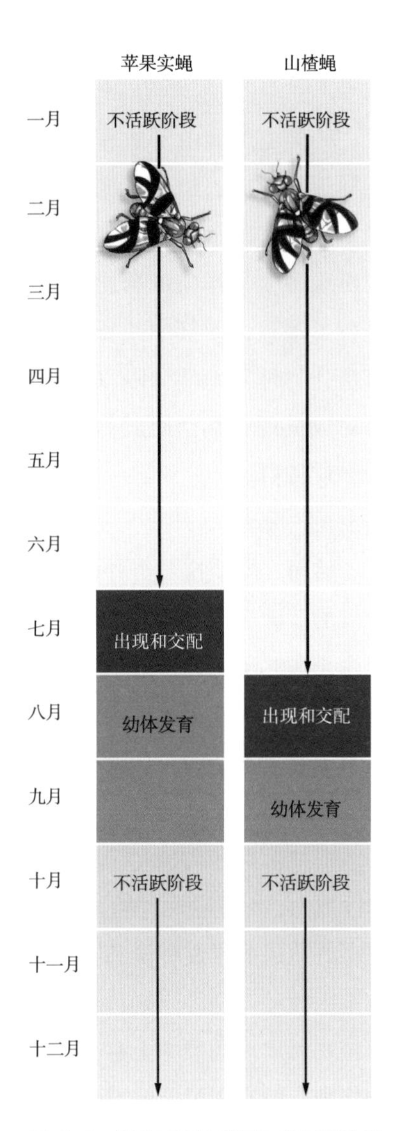

图 3–5　繁殖时间的差异可能导致物种形成

注：该图展示了两种苹果实蝇种群的生命周期，其中一种生活在苹果树上，另一种生活在山楂灌木上。这两个种群的交配期相差一个月，导致它们之间的基因流动很少。

生殖隔离的进化

为了成为真正独立的生物物种，分化的种群必须通过其行为或遗传不亲和性来实现生殖隔离。就油菜而言，遗传不亲和性是瞬时产生的——油菜和羽衣甘蓝之间的杂交不会产生后代。在大多数动物中，分化的过程可能是渐进的。当差异的数量导致了两个种群之间的大量遗传有差别时，分化就会发生。

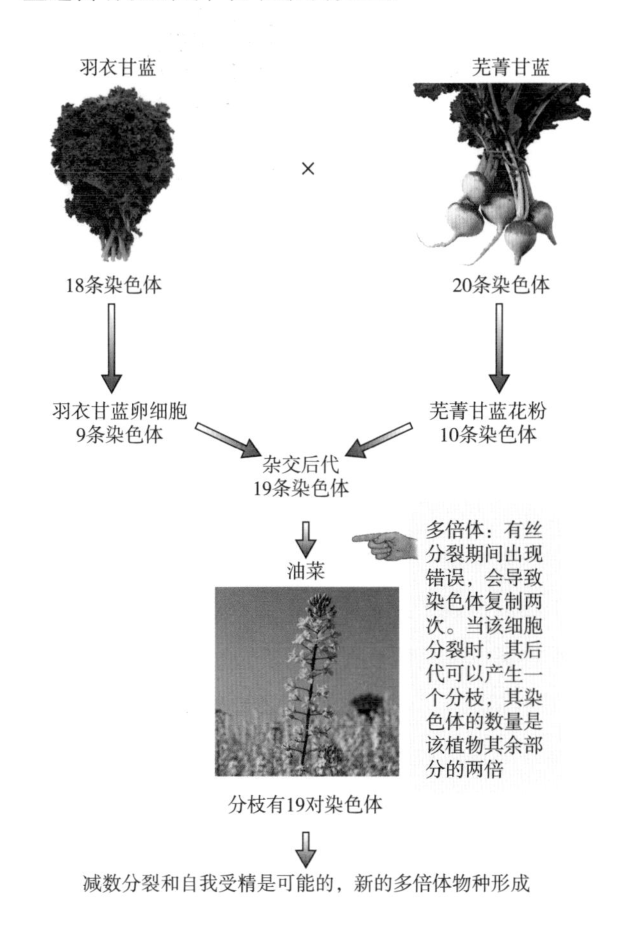

图 3-6 瞬时物种形成

注：油菜是由羽衣甘蓝和芜菁甘蓝杂交产生的。尽管杂种最初是不育的，因为它的染色体在减数分裂过程中无法排列，但有丝分裂期间的错误导致了其中一个植物细胞中的染色体复制。当该细胞产生的分枝形成花朵时，就会形成具有两倍染色体数目的新种子，并长成具有该新染色体数目的完整植物。由于油菜花粉的染色体数目与其亲代中的任何一方都不相同，因此油菜花粉不能使羽衣甘蓝或芜菁甘蓝植物的卵细胞受精，反之亦然，因此该植物瞬时与其亲代植物产生生殖隔离。

至于这种差别要达到什么程度，目前并没有明确的规定。有时，单个基因的差异就会导致不亲和性，而在其他时候，表现出巨大生理差异的种群却可以繁殖健康且可育的后代（见图 3–7）。关于生殖隔离在基因的层面上究竟是如何进化的，目前还不清楚，生物学家们正在积极研究这个问题。

但我们知道的是，一旦出现生殖隔离，来自共同祖先的物种就可以积累很多差异，甚至是全新的基因。

图 3-7　两种物种有何不同

注：（a）这两种蜻蜓看起来十分相似，但不能进行异种交配；（b）狗的品种可用于说明巨大的生理差异不会总是导致生殖不亲和性。

物种形成是渐进发生的还是突然发生的？达尔文认为，随着微小变化的逐渐累积，经过数百万年新物种形成了，这种假设被称为渐变论。其他生物学家认为，大多数物种形成事件是突然发生的，比如在数十万年，甚至上百万年内几乎无变化，而在接下来的几千年内出现了形态上的巨大变化，这种假设被称为间断平衡论。对化石记录的观察可以支持间断平衡论的假设，化石记录似乎正好反映了这种规律模式（见图 3–8）。尽管进化性变化的速度可能与达尔文的预测不符，但他描述的自然选择过程仍然可以解释许多分化的例子。

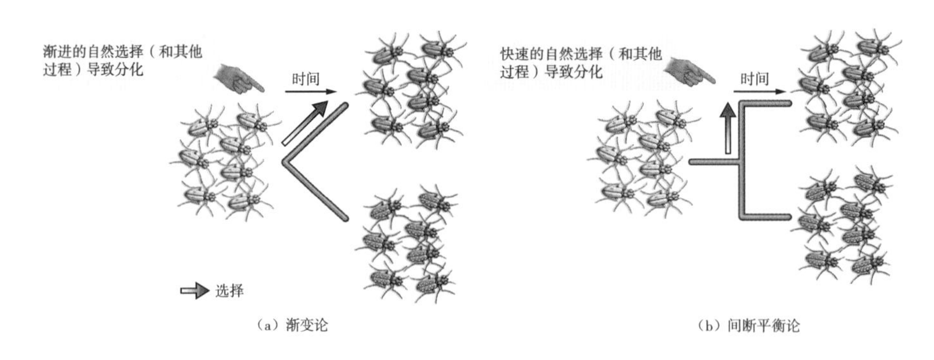

图 3-8　渐变论与间断平衡论

注：(a)物种群体中进化性变化的模式可能是渐进的，表示较小变化持续发生；(b)也可能是间断的，表示在历经数十万年的停滞之后，在几千年内不可预测地发生了快速、巨大的变化。

不论物种形成的速度如何，在两个种群的基因库分离之后，在生殖隔离进化之前的这段时间，我们可以将其视作一个物种种族的可能的形成阶段，下一节将对此展开描述。

Q3 人种的划分有科学依据吗？

> 生物学家对生物种族的标准定义并没有达成共识。实际上，并不是所有的生物学家都认为“种族”是一个有意义的术语。许多生物学家更喜欢使用“亚种”这个术语来描述物种中的亚群。

但是，本章开头的故事引出了一个特定的定义。也就是说，西蒙妮·曼努埃尔的种族降低了她成为竞技游泳选手的可能性。假定当一个个体被确定为某个特定种族的成员时，这意味着他/她与同一种族的个体之间有着更紧密的联系，在生物学上与同一种族的人更加相似，而不是更像其他种族的人。生物种族的这一定义将种族描述为由于基因库的隔离而彼此分化的单个物种的种群。

一些生物学家可能会将此定义称为谱系物种概念，因为它反映了生物物种内某些个体之间更相近的共同祖先，也就是谱系（同一血统）。这些被隔离的种群之间的基因很少流动，所以在一个种群中发生的进化性变化可能不会在另一个种群中发生。生物学家在主张保护濒临灭绝的物种的每个隔离种群时常用到谱系物种概念，希望借此保留物种中独特的遗传特征。

要了解美国人所认同的种族分类是否具有生物学基础，也就是说他们是否包含了彼此长期隔离的基因库，我们必须首先了解种族分类的起源。

人种的历史

在 17 世纪和 18 世纪欧洲殖民的鼎盛期之前，人们很少根据共同的生理特征对人类种群进行区分。古希腊和古罗马的历史学家告诉我们，那个时代的人们主要是将自己和他人归类为具有不同习俗、饮食习惯和语言的特定文化群体或社会群体，而不是按照生理特征进行分类。

当北欧人开始与世界其他地区的人接触时，这些殖民者开始对不同群体的人进行分类，为其殖民制和奴隶制在道德层面上创造便利条件。这种观念认为，不同种族在生物层面上是彼此不同的，这一观念甚至影响了科学家。林奈使用生物物种概念，正确地将所有人类归类为一个物种。但是，他也区分了他所谓的人类“种类”（现在称为种族），描述了每个种族的生理特征以及特定的行为和才能。林奈没有用任何生物学证据来支持这种区分人类类型的观念，但是当时欧洲有一种普遍盛行的观念，即他们的种群比其他种群具有先天优势，也就是将欧洲人描述为一种具有“先天优越性”的人，这种观念影响了林奈（以及当时的其他科学家）。

从林奈对人种的分类可以看出，当时的社会背景是如何影响科学家做出假设的。在这种情况下，就像在其他许多情况下一样，他们似乎在通过为不公正和残酷行为辩护或开脱的方式，给社会带来了一定的影响。

自林奈以来，不断有科学家提出有关人类种族数量和特征的一些假设。一些科学家已经描述了多达 26 种不同的人类种族，一些通过分析个体基因以确定其祖先的服务机构声称能够识别 50 多种人类种族。最常见的假设种族分类有 5 个，这种分类也体现在 2010 年美国人口普查表格中：白人、黑人、太平洋岛民、亚洲人和美洲原住民（印第安人）。然而，这些群体真的等同于生物种族的概念吗？

为了回答这个问题，我们可以尝试确定用于描述假设的 5 种种族的生理特征，例如肤色、眼睛和头发的颜色，是不是因为这些群体在彼此隔离下进化而发展的。回答这个问题所需的数据来自化石记录和现代人群的基因库。

形态物种概念

我们只有通过化石记录才能了解人类的祖先。我们既不能用生物物种概念，也不能用谱系物种概念来描述化石物种。相反，古生物学家，即研究化石的科学家，使用了更为实用的定义：物种被定义为具有某些可靠生理特征的个体组成的群体，利用这些特征可以将它们与所有其他物种区分开来。换句话说，它们在某些关键的生理特征上看起来十分相似，这被称为形态物种概念。物种之间的形态差异被认为与基因库的分离有关。表 3–2 比较和对比了三种物种概念。

表 3–2 三种物种概念的比较

物种概念	定义	概念优势	概念缺陷
生物物种概念	物种由可以交配并产生可育后代的生物体组成，它们与其他物种存在生殖隔离	有助于确定相似生物体种群之间的界限，便于评估有性繁殖物种	不能应用于无性繁殖的生物体或化石生物体；当相同物种的两个种群被较大的地理距离隔开时，这个概念可能就没有意义
谱系物种概念	物种由可以交配的生物体组成，它们都是共同祖先的后代，代表独立的进化谱系	最具进化意义，因为每个物种都有其独特的进化历史，可用于无性繁殖物种	难以应用于实践；需要生物物种内的种群基因库的详细信息；不能应用于化石生物体
形态物种概念	物种由具有一系列独特生理特征的生物体组成，而这些特征未出现在其他生物体中	可应用于生物体和化石生物体，只需几个关键特征即可识别	进化过程中独立于其他种群这一点，并不一定能被反映出来

通过形态物种概念，科学家们已经鉴定了人类直系祖先的化石，这使得科学家们可以重现自物种首次出现以来的人类活动。

现代人类：历史

智人的直系祖先是直立人，这个物种大约 180 万年前首次出现在东非，并在随后的 165 万年中分散到亚洲和欧洲。被鉴定为早期智人的化石出现在非洲的距今约 25 万年的岩石中。化石记录表明，这些早期人类迅速取代了非洲、欧洲和亚洲的直立人种群。

大多数数据都支持一种假设：在过去的几十万年中，所有现代人类都是这些非洲智人祖先的后裔。支持这种假设的一条证据是，人类的遗传多样性（通过已鉴定出的任何基因的不同等位基因的数量来衡量）比其他任何大猿都要少得多，这表明人类几乎没有时间来积累许多不同的基因变异。众所周知，非洲人类种群肯定是最古老的人类种群，因为他们的遗传多样性比世界其他地方的种群更多。因此，所有其他人类种群很可能起源于非洲人类种群。

有了非洲最近祖先的证据，我们可以推断，目前所知的人类之间的生理差异一定是在过去 15 ～ 20 万年，或者在大约 1 万代人的时间里积累的。从进化的角度来看，这段时间并不长。所有人类都有一个非常近的共同祖先，因此，被定义的人类种族之间不会有很大的差异。

分化的遗传证据

即使种群之间的遗传差异很小，关于种族含义的问题仍然值得研究。毕竟，即使两个种族之间的差异很小，但只要这种差异始终存在，那么从生物学层面来看，人们与自己种族的成员比与不同种族的人更相似这种说法就是有道理的。我们将在随后的讨论中探讨反驳该概念的证据。

为了确定某个种族是否真的与其他种族存在过隔离，研究人员可以测试被描述为单个种族的种群基因库。请记住，当种群彼此隔离时，它们之间几乎没有基因流动。如果等位基因出现在一个种群中，那么它无法传播到另一个种群。因此，被隔离的种群应该包含一些独特的等位基因。

除了发现独特的等位基因外，研究人员还应该能够观察到被隔离的种群中携带特定等位基因的个体百分比的差异。当某个性状由于进化而在种群中变得更加普遍时，其实是因为决定该性状的等位基因已经变得更加普遍。换句话说，进化会导致种群中等位基因频率的变化。

进化性变化对等位基因频率影响的研究被称为种群遗传学。图 3–9 说明了在一种简单的情况下，即一个基因有两个等位基因的情况下，个体基因型与种群基因频率之间的关系。在这里，种群中 70% 的等位基因为显性基因（A），30% 的等位基因为隐性基因（a）。如果种群彼此隔离，那么一个种群中发生的进化性变化不一定会在另一个种群中发生。这些变化将表现为种群之间等位基因频率的差异。因此，与图 3–9 中所示的种群相隔离的种群，可能具有两个相同的等位基因，但比例不同，比如其中 50% 是显性基因，而 50% 是隐性基因。

图 3-9 如何计算等位基因频率

注：若已知个体的基因型，则可以计算成年人群体中任何的等位基因频率。

基于这种理解，我们现在可以做出两个预测，以检验关于物种内是否存在生物种族的假说。如果一个种族已经与该物种的其他种群隔离了很多代，那么它应该具有以下两个性状：

- 具有一些独特的等位基因。
- 相对于其他种族，某些基因的等位基因频率存在差异。

接下来我们将查看一些证据，这些证据可以推翻不同的人类种族代表独立的进化种群的假设。

人类不是彼此隔离的生物群体

回忆一下美国人口普查中描述的 5 种人类种族：白人、黑人、太平洋岛民、亚洲人和美洲原住民（印第安人）。这些种族是否符合人种特异性等位基因的预测规律和等位基因频率的独特规律？目前，我们并没有找到令人信服的证据证明这些种群之间存在一致的差异。相反，大多数证据表明，同一人种中不相关个体之间的遗传差异远大于人种之间的平均遗传差异水平。

等位基因并不一定存在于同一种族的所有成员中。“人类基因组计划”问世后，研究人员便可以扫描成千上万个个体的基因组，以寻找等位基因只在某个特定的人类群体中出现的证据。这种分析中最常用的等位基因类型被称为单核苷酸多态性，英文缩写为 SNPs。SNP 是人类 DNA 序列中的一个碱基对，可能因人而异。人类非常相似，99% 的基因组中具有相同的基因序列，只有 1% 的基因组存在变异性，而这存在变异性的 1% 的基因组主要由 SNPs 组成。我们可以将在特定 SNP 位点发现的不同 DNA 碱基对视为不同的等位基因。

科学家对鉴定人类基因组中的 SNPs 非常感兴趣，其主要原因是想要了解人类在疾病易感性和其他影响身体与健康的性状方面的多样性。但是，由于 99% 的 SNPs 似乎存在于基因组中不产生蛋白质的部分，因此它们对进化适合度的影响很小，甚至没有影响，因此可以很容易地遗传给后代。你可以想象一下，当一个 SNP 等位基因通过突变产生，而这种突变又对适合度没有任何负面影响时，其在人类种群中的传播可能是没有障碍的。因此，中性 SNPs 对理解谱系很有用，但由于它们是中性的，因此对个体的生理特征没有影响。

研究人员已经确定了许多特定人类种群中特有的 SNP 等位基因。大多数遗传谱系测试机构会分辨出三个主要人类种群：非洲人、欧洲人和亚洲人（包括美洲原住民）。在这些较大的群体中，某些种群具有独特的 SNP 等位基因，这可能有助于更明确地识别一个人的祖先。但最重要的是，绝大多数 SNPs 对表型没有已知的影响。值得注意的是，我们不是在任何种群中的每个个体中都能够发现 SNP 等位基因。在属于同一主要人种的群体中，有些种群可能没有一个个体具有该人种所独有的 SNP 等位基因。

与显而易见的表型相关的等位基因可以更清楚地说明 SNP 等位基因的真实情况。例如，镰状细胞性贫血长期以来一直被认为是一种主要影响黑人个体的疾病。这种疾病发生在携带两个镰状细胞等位基因副本的人中，这些镰状细胞导致的后果包括剧痛以及心脏、肾脏、肺和脑部的损伤。许多患有镰状细胞性贫血的人都活不过童年。

约有 10% 的非裔美国人和 20% 的非洲人携带一个镰状细胞等位基因副本，而在欧洲裔美国人中几乎没有这种等位基因。但是，如果我们更仔细地调查镰状细胞等位基因的分布，我们会发现这种表面上的种族特异性并不是那么简单。并非所有被归类为黑人的人类种群出现镰状细胞等位基因的频率都较高。在非洲南部和中北部被归类为黑人的人类种群中，这种等位基因就很少见，甚至不存在。在被归类为白人或亚洲人的种群中，有些种群中的镰状细胞等位基因则相对较常见，例如中东的白人种群和印度东北部的亚洲人种群。因此，镰状细胞等位基因并不是所有黑人种群的特征，也不是所谓的“黑人种族”所特有的。

有没有一个等位基因可以在一个常见种族的所有（或者大多数）种群中都能找到，但在其他种族中却找不到？到目前为止，科学家们还没有发现任何一个这样的等位基因。只有极少数 SNPs 被确定为特定人类种族群体所独有，但也无法在该种族的所有种群中或在一个种群的每个个体中都找到。

所以，这些观察结果不能支持人类种族代表独立的进化种群的假设。

一个种族内的种群差异程度通常与不同种族之间的种群差异程度相同。某些 SNP 等位基因的作用很大，因为它们可以将个体与特定的种群群体联系起来。这并不奇怪，因为祖先种群的形成往往与特定的地理区域相关，住得近的人可能比住得很远的人拥有更多的共同祖先（因此在基因上更相似）。然而，如果种族在生物学上是有意义的，那么许多不同 SNPs 和基因的等位基因频率在一个种族内的种群内应该比不同种族的种群之间更相近。

同样，种群中 SNP 等位基因频率的规律可以通过更明显的等位基因来说明。图 3–10 展示了各人类种群中特定等位基因频率的增加。在每个图中，每个种群群组的颜色编码对应该种群通常所属的种族类别。例如，在图 3–10a 的顶部，中国台湾人被归类为亚洲人，而加拿大东部的克里族印第安人被归类为美洲原住民。如果人类种族群体划分具有生物学基础的假设是正确的，那么来自同一种族群体的种群将聚集在各个具有同一等位基因频率的条形图上。

图 3–10a 展示了在几个种群中干扰个体品尝感知化学物质苯硫脲（PTC）能力的等位基因频率。携带两个该隐性等位基因副本的人感受不到苯硫脲，而携带一个或没有该等位基因副本的人可以尝出它的苦味。请注意，单个种族（例如亚洲人）中的种群在该等位基因出现的频率上差异很大。

图 3–10b 列出了许多不同人类种群中编码触珠蛋白 1 的基因的一个等位基因频率。触珠蛋白 1 是一种蛋白质，可帮助清除老化、垂死的红细胞中的血红蛋白。我们也可以从这张图中看到种族类别中等位基因频率的广泛分布。

我们在图 3–10 中可以看到，这些基因的等位基因频率在种族群体内并不比不同种族之间更为接近。在这两种情况下，具有最高和最低等位基因频率的种群都属于同一种族。对于这些基因来说，其种族内的变异性大于种族之间的平均差异。尽管某些 SNPs 等位基因可以帮助我们追踪到某一个个体属于某个特定祖先种群，但其他基因的多样性规律告诉我们，这些“祖先”模式并不是可以证明一个种族群体内的种群之间存在深层生物学相似性的证据。

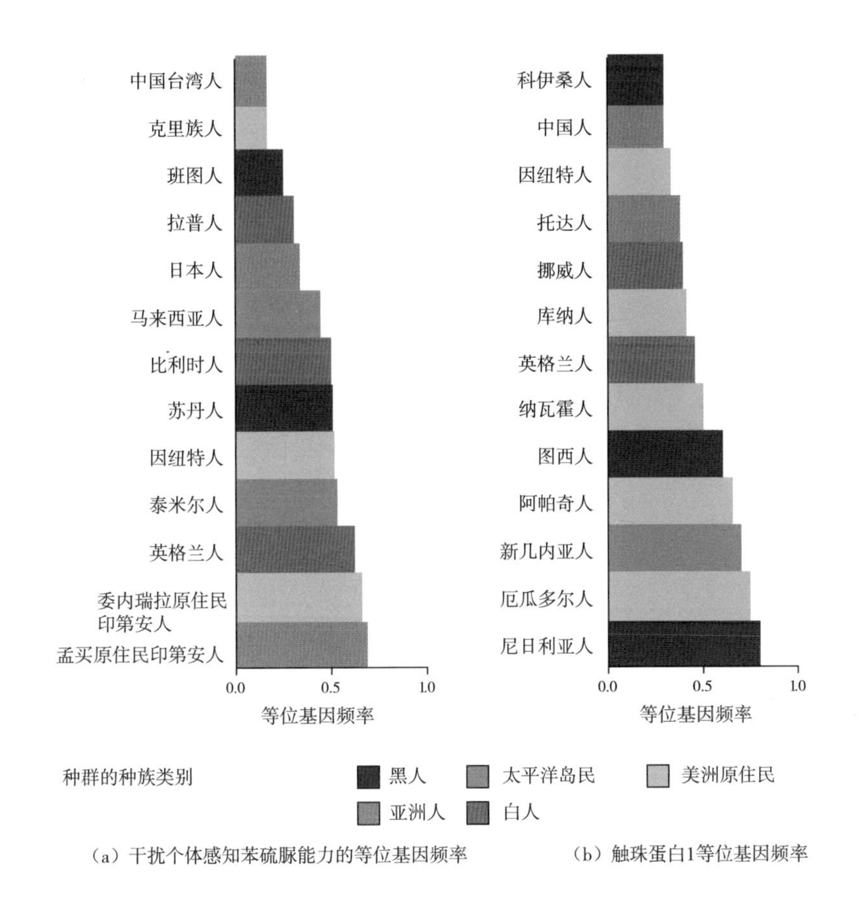

图 3-10 各类人群中特定等位基因的频率

注：图中展示了所描述的等位基因在几个不同人类种群中的频率。该图说明，这些种族内的种群间的相似性不一定比不同种族中的种群更大。

人类种族的分类不符合将种群确定为始终相互隔离的种群的标准。化石证据和遗传证据都表明，常见的五个人类种族群体并不能代表所有生物的种族。

人类从未真正彼此隔离

对美国人进行的遗传检测结果通常反映了这样一个事实，即在过去 500 年的欧洲和亚洲居民迁移以及非洲奴隶贸易的历史中，人类种群并未真正彼此隔离。最近的研究表明，大多数非裔美国人至少有 20% 的 SNPs 与欧洲人相同，而 30% 的美国白人大学生有接近 90% 的 SNPs 与欧洲人相同。但美国这个种族融合的“大熔炉”在人类历史上并不是独一无二的。有证据表明，在人类种群的基因库中，自现代人类首次进化以来，人类种群就一直处于“混合”状态。例如，在欧洲，B 型血出现的频率自东向西递减（见图 3–11）。编码这种血型的等位基因显然是在亚洲进化出现的。图 3–11 中的血型分布规律，正好与大约 2 000 年前开始的亚洲人迁入欧洲的运动相对应。随着亚洲移民与欧洲居民的融合，他们的等位基因成为欧洲基因库的一部分。距离亚洲最近的人群的基因库发生了巨大变化，而亚洲移民和欧洲邻居繁衍的后代，则为距离亚洲较远的种群带来了更加多样的移民基因库。

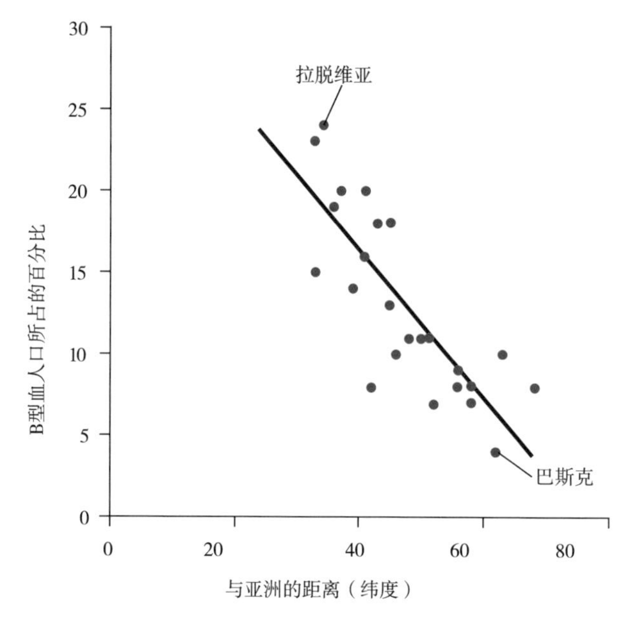

图 3–11　欧洲各地 B 型血人口的百分比与它和亚洲的距离的关系

注：在欧洲，B 型血出现的频率自东向西递减，这反映了在过去 2 000 年中，等位基因从亚洲种群向欧洲种群的移动，人类的基因处于融合状态。

其他遗传分析也得出了类似的图谱。例如，有的分析指出，大约 1 万年前来自中东的人类种群的迁移足迹遍布欧洲和亚洲。类似此类绘图项目的数据表明，人类基因库内部没有明确的界限。数百代人的繁衍足以证明，形成不同生物种族所需的隔离从未发生。

Q4 人类种群之间为什么存在差异？

正如我们所知，人类的种族划分并不等同于真正的“生物种族”，但人类种群在许多性状上确实彼此不同。在本节中，我们将探究为什么种群具有某些相同的表面性状，而在其他方面却有所不同。

自然选择

让我们回顾一下图 3-10 所展示的镰状细胞等位基因在种群中的分布。这种等位基因存在于至少三个典型种族的种群中。为什么它在某些种群中出现的频率更高？

镰状细胞等位基因在某些种群中出现的频率较高，是因为在特定环境中，自然选择偏爱携带该等位基因副本的个体。镰状细胞贫血等位基因是一种适应，是一种在疟疾易发地区的人群中增加适合度的特征。疟疾是一种由寄生单细胞生物引起的疾病，该生物在生命周期的一段时间内以红细胞为食，并最终杀死这些红细胞。当人的红细胞被耗尽时，严重者会患上贫血，最终导致死亡。当个体携带镰状细胞等位基因的单个副本时，他们的红细胞在被疟疾寄生物侵犯时会变形。这些变形细胞会迅速死亡，降低寄生物繁殖和侵犯更多红细胞的能力，从而降低携带者患贫血的风险。

镰状细胞等位基因降低了人们患严重疟疾的可能性，因此在自然选择的推动下，易感人群中该等位基因出现的频率增加。镰状细胞等位基因可以为杂合子携带者提供的保护，可通过疟疾的分布和镰状细胞贫血的分布之间的重叠来证明。

另一个受自然选择影响的生理特征是人体鼻子的形状。人类种群中鼻子形状的分布规律通常与气候因素相关：干燥气候地区的种群的鼻子往往比潮湿气候地区的种群更窄。长而窄的鼻子似乎可以使吸入的空气在鼻腔中充分与水分混合，从而减少肺损伤，并提高个体在干燥环境中的适合度。生活在赤道附近的非洲人群中，处在较干燥的高海拔地区的人的鼻子，比生活在潮湿的雨林地区的人要窄得多（见图 3–12）。

（a）鼻形较窄的埃塞俄比亚人

（b）鼻形较宽的班图人

图 3-12　鼻子的形状受自然选择的影响

注：长而窄的鼻子在寒冷干燥的环境中更常见，很有可能，这是因为相比于宽而扁平的鼻子，前者能够为肺部提供更多的潮湿空气。

有趣的是，在对人类生物特性的先入之见下，人们将这两个非洲种群归为同一种族，并解释称是自然选择导致了他们的鼻子形状的差异。但他们却将白人和黑人种群划分为不同的种族，并将他们的肤色差异解释为长期彼此隔离的证据。然而，与鼻子形状一样，肤色也是一种受自然选择影响很大的性状。

趋同进化

由于相似的环境条件，无亲缘关系的种群拥有共同的性状，这就叫作趋同。当对相似环境因素的自然选择使得无亲缘关系的生物彼此相似时，就会发生趋同进化。例如，斑纹海豚和礁鲨在外形上的相似性就是趋同进化的结果。通过它们的解剖结构和繁殖特征，我们可以知道，鲨鱼与其他鱼类的亲缘关系较近，而海豚与其他哺乳动物的亲缘关系较近（见图 3-13）。

图 3-13 趋同

注：海豚和鲨鱼在外形上的相似性，源于对同为海洋鱼类捕食者的相似生活的适应，而不是因为它们拥有共同祖先。

全球范围内人类的肤色分布规律也是趋同进化的结果。在趋同进化过程中，亲缘关系较远的人类种群在相似的环境条件下进化而彼此相似。科学家将当地人类种群的平均肤色与该种群暴露在紫外线下的水平进行比较时，发现了两者密切的相关性，即紫外线水平越低，肤色就越浅，无论该人类种群属于哪个种族（见图 3-14）。

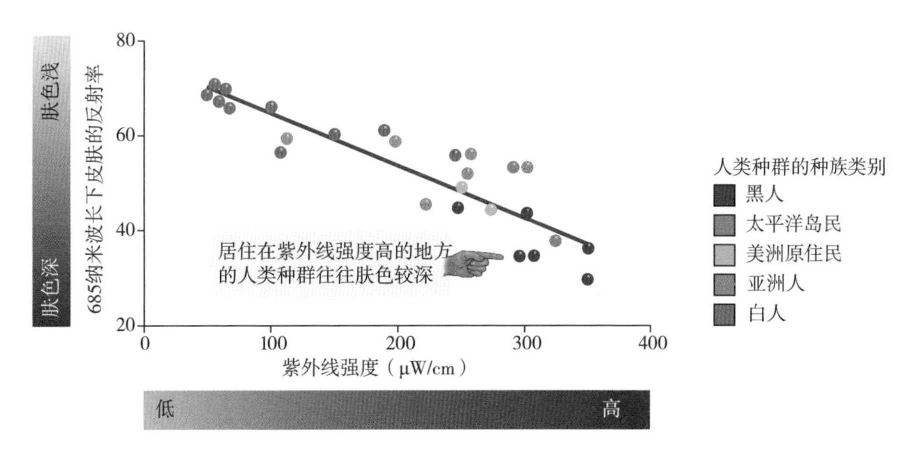

图 3-14 肤色与紫外线照射之间的相关性

注：反射率是皮肤颜色的一个指标：反射率越高，肤色就越浅。图上不同颜色的点代表每种种群的种族类别。

紫外线是处于人的视觉不可见范围内的高能辐射，它会产生诸多影响，其中之一就是紫外线会干扰身体储存维生素叶酸的能力。叶酸是婴儿正常发育和男性产生足够精子所必需的。叶酸水平低的男性生育能力低，而叶酸水平低的女性更容易生出有严重先天缺陷的孩子。因此，叶酸充足的个体比缺乏叶酸的个体有更高的适合度。由于肤色较深的个体吸收的紫外线较少，因此在高紫外线环境中，他们的叶酸水平高于肤色较浅的人。换句话说，在紫外线强度高的环境中，自然选择偏爱深色皮肤。低紫外线环境中的人类种群面临着不同的挑战。吸收紫外线对于维生素 D 的合成至关重要，而维生素 D 对骨骼的正常发育至关重要。维生素 D 水平低对女性的伤害尤为明显：骨盆发育不全可能导致其在分娩时死亡。无论人的肤色如何，当紫外线强度高时，维生素 D 不足的风险就不存在。然而，在紫外线水平较低的地区，肤色较浅的人会吸收更多的紫外线，因此他们体内的维生素 D 水平高于肤色较深的人。因此，在阳光较少的环境中，自然选择偏爱浅色皮肤（见图 3–15）。

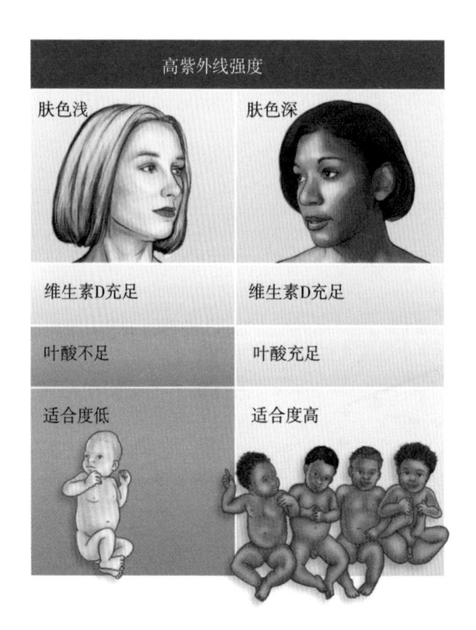

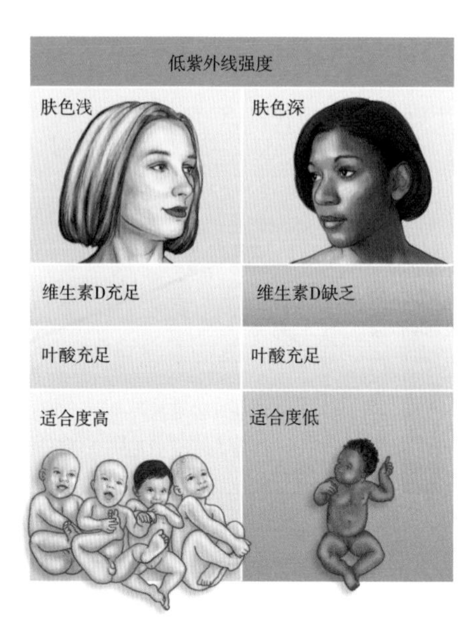

图 3-15 紫外线强度、叶酸、维生素 D 和肤色之间的关系

注：在紫外线强度高的地区，肤色较深、抗紫外线的皮肤是一种优势，因为肤色较深的个体具有更高的适合度。在紫外线强度较低的环境中，自然选择更偏爱肤色较浅、紫外线可以穿透的皮肤。

由于紫外线对人体生理有着重要的影响，它推动了人类种群肤色的进化。在紫外线强度高的地方，深色皮肤是一种适应，因此深色皮肤在人类种群中变得普遍。在紫外线强度较低的地方，浅色皮肤是一种适应，因此人类种群的肤色进化为浅色。不同于这个规律的例外实际上也支持这个假设：由于经常食用富含维生素 D 的鱼类，北极地区，肤色相对较深的因纽特人并没有因经历强大的自然选择而获得较浅肤色。从图 3–14 中可以看出，人类种群的肤色规律是不同种群在相似环境中趋同进化的结果，通常来说，每个大洲上居住在靠近赤道区域的人肤色较深，居住在靠近两极区域的人肤色较浅，但这并不一定是人类种族分离的证据。

自然选择造成了人类种群之间的差异，但也导致了一些种群在表面上看起来与其他一些种群更相似。相比之下，表面上看起来相似的种群可能完全不同，这完全是偶然发生的情况。

遗传漂变

偶然发生的等位基因频率的变化被称为遗传漂变。人类种群往往会四处迁移并开拓新区域，所以我们似乎特别容易通过遗传漂变而进化。遗传漂变通常发生在两种不同类型的情况下（见图 3–16）。

始祖效应或瓶颈效应。当较大种群中的小样本建立起一个新种群时，可能会出现遗传差异。这些移民的基因库很少能准确反映源种群的基因库。这种差异导致了始祖效应。

罕见遗传疾病在某些人类种群中非常常见，这也可能是始祖效应的结果。例如，美国宾夕法尼亚州的阿米什人是 200 多年前移民到美国的 200 名德国始祖的后裔。埃利伟综合征是一种导致侏儒症（以及其他影响）的隐性疾病，这种疾病在宾夕法尼亚阿米什人中的发病率是其他德裔美国人群的 5 000 倍。这种差异是由于其原始种群中某个人携带了该等位基因造成的。宾夕法尼亚阿米什人通常会与他们的小型宗教社区内的其他成员结婚，因此该等位基因出现的频率一直保持在较高水平：每 8 个宾夕法尼亚阿米什人中，就有 1 人携带埃利伟综合征等位基因，而每 100 个非阿米什人的德裔美国人中，只有不到 1 人携带该等位基因。

原始种群中红色等位基因频率较低

几位旅行者（或幸存者）恰巧携带红色等位基因

新种群中红色等位基因频率要高得多

（a）始祖效应或瓶颈效应：一个大的种群中的少量样本建立了新的种群，或在灾难中幸存下来

原始种群中红色等位基因频率较低

唯一携带红色等位基因的蜥蜴碰巧受伤并死亡

红色等位基因丢失

（b）小种群中的偶然性事件：罕见的等位基因的携带者无法繁殖

图 3-16　遗传漂变的影响

注：（a）一个种群可能包含一组不同的等位基因，因为它的始祖（或灾难中的幸存者）不能代表原始种群；（b）或者种群太小以至于偶然丢失了低频等位基因。

借助动物传播种子的植物似乎特别容易产生始祖效应。例如，苍耳是一种广泛分布的杂草，它结出的果实长满了钩状的硬刺，能够附着在路过的哺乳动物的皮毛上（见图 3–17），其种群的大小和形态各不相同。正是因为其果实碰巧被带到新的地点并在那里建立了新种群，才导致种群之间出现差异。始祖效应的一个变体便是瓶颈效应，即一场灾难令大部分种群消失，只留下一小部分幸存者。

小种群中的遗传漂变。即使没有种群瓶颈效应，种群中的等位基因频率也可能因偶然性事件而发生变化。当一个等位基因在一个小种群中出现频率较低时，只有少数个体携带它的副本。如果这些个体中有的不能繁殖，或者只将更常见的等位基因传递给幸存的后代，那么这种罕见的等位基因出现的频率可能就会在下一代中下降。如果种群足够小，即使是出现频率相对较高的等位基因也可能在几代后因遗传漂变而丢失。

图 3-17　关于植物的始祖效应的一个例子

注：苍耳是一种善于附着的植物，它结出的果实上带有尖刺，能够钩在路过的动物的皮毛（或人的袜子）上，从而将种子散布开来。当这些果实在另外一个地方被清理下来时，该植物便可以就地建立一个新的种群，其种子的大小、形状或颜色可能与源种群不同。

在人类种群中，遗传漂变对小种群产生影响的一个例子便是哈特教派社区。哈特教派在美国南达科他州和加拿大都有宗教社区。现代哈特教派种群的祖先可以追溯到 1874 年至 1877 年从俄罗斯迁移到北美的 442 人。哈特教派的人通常会与该教派的其他成员结婚，因此该种群的基因库很小，并且与其他种群隔离。在过去的一个世纪里，该种群中的遗传漂变导致哈特教派中几乎没有 B 型血成员，而北美其他欧洲移民中 B 型血出现的频率为 15% ～ 30%。

如果种群数代一直都很小，遗传漂变可能会导致许多不同等位基因的快速丢失。虽然这种问题在人类中并不常见，但遗传漂变对濒危物种的小种群产生的影响可能会导致其灭绝。

人类是一个具有高度流动性的物种，几千年来我们一直在建立新的种群。大多数早期人类种群也可能很小。这些因素使人类种群特别容易受到始祖效应、瓶颈效应和遗传漂变的影响，并导致了现代人类群体之间的差异。

除了自然选择和偶然的基因变化之外，人类高度社会化的本质可能也加剧了不同种群在外貌上的某些差异。

性选择

一个种群中的男性和女性在择偶时，可能偏好某些特定的生理特征。这些世代相传的偏好会导致该种群外观上的差异。当一个性状对交配的可能性产生影响时，该性状就会受到一种被称为性选择的自然选择形式的影响。

达尔文在 1871 年提出了性选择假说，以解释一个物种内雄性和雌性之间的差异。例如，雄孔雀拥有巨大的尾巴，是因为雌孔雀通常会选择尾巴更艳丽的配偶。因为巨大的尾巴需要花费很大力气才能展示出来，而且对它们的捕食者来说更为显眼，所以尾巴较大的孔雀必须既强壮又聪明才能生存下来。尾巴长度似乎是衡量孔雀整体适合度的一个很好的指标。先天条件好的雄性的后代，比尾巴稀疏的雄性的后代，更有可能活到成年。当一只雌孔雀选择了一只尾巴大的雄性时，它就确保了它的后代将获得高质量的基因。性选择解释了许多物种中雄性和雌性之间的差异（见图 3–18）。

（a）孔雀

（b）狮子

（c）蓝闪蝶

图 3-18　性选择的影响

注：从孔雀的尾巴到雄狮的鬃毛，再到蝴蝶色彩鲜艳的翅膀，性选择造就了生物体许多奇妙的特征。

在人类中，有一些证据表明，男性和女性整体体型的差异是性选择的结果，即女性普遍偏爱体型较大的男性，这可能也是因为体型是整体适合度的一个指标。然而，一些人类性状可能仅仅代表社会偏好。例如，一些科学家提出，在某些种群中，由于男性和女性偏好毛发较少的配偶，导致该种群面部毛发和体毛普遍不太浓密。尽管这听起来很有趣，但目前几乎没有确凿的证据能够证明性选择塑造了某些特定的人类性状的假设，而且也没有简单的方法来检验该假设。

选型交配

个体选择配偶的方式可能会加剧种群之间的差异。例如，在东蓝鸲中，个体更喜欢与羽毛和自己一样绚丽多彩的异性成员交配，这一过程被称为积极的选型交配。

在人类中，人们倾向于根据身高进行择偶。也就是说，高个子女性倾向于嫁给高个子男性，当然，她们同样也会考虑宗教偏好和教育水平等社会因素。

当两个人类种群在生理和文化特征上存在明显的差异时，如果一个种群的性状被认为对另一个种群的成员没有吸引力，那么他们之间的交配机会可能就会很少。因此，积极的选型交配往往会维持甚至放大种群之间的生理差异。在高度社会化的人类中，选型交配可能是放大群体间表面生理差异的重要因素。

尽管某些环境中的自然选择、遗传漂变、性选择和选型交配会使得人类种群表现出差异，但遗传证据表明，这些差异中有许多实际上没有那么深奥。

如果人种在生物学上并不是“真实存在的”，那么西蒙妮·曼努埃尔将自己描述为“黑人游泳运动员”是否有错？并没有错，因为这里的种族是一个社会类别，而不是一个生物学类别。另一位运动员安东尼·欧文（Anthony Erivn）证明了社会类别与生物类别的差别，他在2000年赢得了人生中第一块奥运会奖牌（见图3–19），被认为是“历史上首位”获得游泳项目金牌的非裔美国运动员。尽管如此，肤色浅、绿眼睛的欧文并不认为自己是黑人——他的父亲是非裔美国人，母亲是欧洲犹太人。他告诉《滚石》杂志，“我以前根本不知道身为一名黑人是一种怎样的感觉，但现在我知道了。这就像赢得金牌并且……有人一直在追问你身为黑人是什么感觉。这就是身为黑人的感觉”。

图 3-19　种族是社会建构的一种形式

注：这名男子被描述为历史上首位非裔美国奥运游泳冠军，但他并不认为自己是黑人，尽管他的父亲是非裔美国人。他有着决定自己种族身份的自由，这更加说明人类种族类别指的是社会属性而非生物学属性。

因为在其他人看来，欧文并不像黑人，所以他也许无法体会人们对曼努埃尔作为游泳运动员的能力质疑的感受。而且在他的家庭中，游泳也是一项寻常的运动。黑人游泳运动员很罕见的原因并不是非裔美国人在游泳方面的能力较差，而是有很长一段时间，美国的游泳池和海滩曾禁止黑人游泳。现在这些社会层面的限制已经解除，更多像曼努埃尔这样的女性正在展示她们的卓越实力，相信不久之后，“黑人游泳运动员”的称号会像“黑人棒球运动员”或“黑人总统”一样不再稀奇，人们也将更加深入地理解，无论是从生物学角度来看，还是从社会期望的角度来看，这种区别都不应该存在。

要点回顾

BIOLOGY：SCIENCE FOR LIFE >>>

- 生物物种是指可以交配并产生可育后代的个体的群体。生物物种间彼此生殖隔离，因此它们的基因库被分离。
- 达尔文认为，随着微小变化的逐渐累积，物种形成在数百万年的过程中发生了，这种假设被称为渐变论。
- 种群遗传规律表明，目前人们描述的种族里，没有证据能证明他们曾彼此隔离。
- 积极的选型交配，即个体选择与自己相似的配偶，强化了人类种群之间的差异。

BIOLOGY

SCIENCE FOR LIFE

04

地球上最伟大的物种是什么？

妙趣横生的生物学课堂

- 地球上总共有多少个物种?
- 病毒为什么不是生物?
- 为什么有些看起来相似的生物却不属于相同类别?

BIOLOGY : SCIENCE FOR LIFE >>>

我们用一个大家司空见惯的问题作为本章的开场白："有史以来最伟大的人是谁？"体育迷认为是他们崇拜的运动员，文学迷认为是他们最喜欢的作家，历史系学生会列举出一些杰出的政治家，音乐爱好者会想到世界上一些伟大的摇滚乐队。在这些话题上，人们的想法存在分歧，而且从来没有明确的答案。但是如果你打断大家的讨论，并提问"有史以来最伟大的物种是什么"，你可能会得到一个一致的答案。当然是人类了。还有哪个物种能够建造出举世闻名的金字塔、创作出经久不衰的史诗《奥德赛》、成功地将人类送上月球、谱写出旋律震撼的歌曲 *Let it be*[①] 这样的经典呢？

许多人都认同，人类是最伟大的物种，这似乎是毋庸置疑的。人类非常聪明，可以利用沟通技巧、合作和技术来解决难题；我们拥有非凡的感官能力，可以利用它们来了解世界的运作方式，然后应用这些知识来利用自然资源；我们能巧妙地寻找在不同环境中的生存方法。凭借这些技能，我们几乎把地球表面的各个角落都变成了适合人类居住的地方，并通过不同的方式改变环境以满足我们的需求。我们把控着其他物种，甚至利用进化过程来驯化动物和植物。试想还有哪些物种可以与人类相提并论呢？

---

① 歌曲 *Let it be* 是英国摇滚乐队披头士乐队（The Beatles）解散前发表的最后一首歌曲。——译者注

但在生物学家的讨论中，你可能会听到他们对这个问题的不同见解。科学家们知道，与有史以来最大的个体——巨大的红杉树（其中很多红杉树已有数千年的生命历程）相比，人类是微不足道的。现代人类这个仅有 20 万年历史的物种，是否比在 4.45 亿年的环境变化中幸存下来的鲨更强大呢？人类是否比仅靠水、阳光、空气就能制造出生存所需所有养分的蓝藻更具创造力呢？人类是否比遍布全球、由数万亿个个体组成的阿根廷蚁更能够适应环境呢？也许不是。在本章中，我们将探讨地球上所有的生物体，以检验人类是地球上最伟大的物种这一假设。

Q1 地球上总共有多少个物种？

人类是地球上最伟大的物种吗？在回答这个问题之前，我们需要先了解一下人类到底拥有多少个竞争对手，也就是说，地球上究竟出现过多少个物种。

地球生命的一个特征是种类繁多。科学家将现存物种内部和物种之间的多样性称为生物多样性。生物多样性研究不仅能够为最伟大物种的讨论提供有趣的故事和证据，更为重要的是，这些研究可以帮助我们了解不同生物群体的进化起源及其在健康的生物系统中的作用。

系统分类学家是专门描述和划分特定生物群体的科学家。通常，要认定一个生物体为新物种，系统分类学家必须对该物种进行描述，清楚地将其与类似物种区分开来，并且必须将其描述发表在专业的、同行评议的期刊上。科学家还必须收集样本，将其存放在专门的博物馆中。大多数动物收藏都存放在自然历史博物馆中；植物存储的地方被称为植物标本室；保存微生物（包括真菌）的地方叫作典型（菌种）保藏中心。

随着计算机和通信技术的进步，系统分类学家对物种的描述现在正被收集到中央数据库中，这些数据库的最新统计列出了 130 万个已确认的物种。通过使用外推法这一策略，即从描述完善的生物群体外推到鲜为人知的生物群体（见图 4-1），我们可以估计出地球上的物种总数约为 870 万，这意味着目前科学界所知的物种还不到总数的 20%。专门研究特定物种群体的科学家估计的总数更大。一个简单的事实是，我们仍然不知道地球上存在多少个物种。

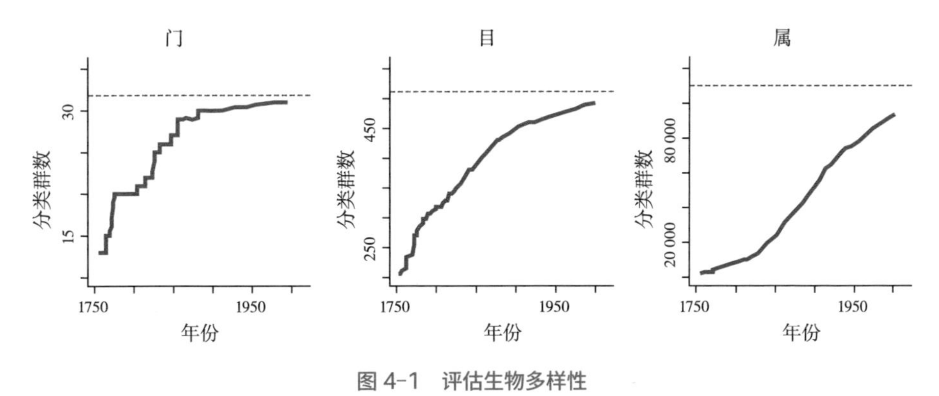

图 4-1 评估生物多样性

注：科学家使用外推法来确定有多少个物种尚未被发现。这些图表显示了随着时间的推移，每个分类级别（分类群）内新发现的动物群体的数量。曲线趋于平稳表明未发现的新群体可能很少。基于历史规律，每个图上的虚线表示图表将于此处趋于平稳。

科学家们确实知道，现在地球生命的多样性与过去的多样性大不相同。通过研究化石和其他古代证据，古生物学家已经能够梳理出生命的历史。在重建过程的早期阶段，他们认识到了出现在不同时期的生物群体所属的不同“朝代”。这些“朝代”的兴衰记录使科学家能够将生命的历史细分为不同的地质时期。每个时期都可以由一组特定的化石定义。表 4-1 给出了主要地质时期的名称、距今时长，以及每个时期发生的主要生物事件。

尽管生物多样性的历史非常悠久，但科学家几乎不能描述一种与所有其他物种无关的现代生物或生物化石。事实上，我们可以根据共同特征将物种分为几个大类，当今科学家通用的类别是域。

表 4-1 地质时期

代	纪	距今时长（百万年）	地球生命的特征
前寒武纪		4 500	地球形成。最早的生物体，即原始细菌，在其后 10 亿年内出现
		543	生命形式主要表现为海洋中的单细胞生物。埃迪卡拉纪生物群出现在该纪的末期 
古生代	寒武纪	495	所有现代动物群体最早都出现在海洋中。藻类丰富 
	奥陶纪	439	海洋中的生命多种多样。鱿鱼等头足类动物出现，三叶虫非常常见 
	志留纪	408	生命开始涌入陆地。第一批登陆者是小型无籽植物、原始昆虫和软体动物 
	泥盆纪	354	被称为鱼类的时代。鲨鱼和硬骨鱼出现。大型三叶虫在海洋中数量众多 
	石炭纪	290	陆地上以密集的无籽植物林为主。昆虫变得丰富。大型两栖动物出现 
	二叠纪	251	早期的爬行动物在陆地上出现。无籽植物丰富。海洋中有着大量的珊瑚。二叠纪以 95% 的生物灭绝而告终 
中生代	三叠纪	206	早期的恐龙、哺乳动物和苏铁在陆地上出现。海洋中的生命“重新出现” 
	侏罗纪	144	巨大的食草恐龙进化。森林以苏铁和树蕨为主 
	白垩纪	65	大型食肉恐龙和飞行恐龙大量存在。森林以大型锥形植物为主。开花植物出现 

续表

代	纪	距今时长（百万年）	地球生命的特征
新生代	第三纪	1.8	恐龙灭绝后，哺乳动物、鸟类和开花植物变得多样化
	第四纪	0	大多数现代生物出现

注：生命的历史可分为四个主要的代，除第一个代外，其他所有代都可以细分为多个纪。地球上存在的主要生物的重大变化标志着纪的更迭。

生命的域

系统分类学家在生物分类领域工作，他们试图将生物多样性整理成离散的和合乎逻辑的类别。对生命进行分类的任务就好比对图书馆中的书籍进行分类——书籍可以分为虚构类和非虚构类，在每一个类别中，还可以进行更细致的分类，例如，非虚构类可以分为传记、历史、科学等。

大多数公共图书馆使用的书籍编目系统，即杜威十进制分类系统，只是分类摆放书籍的方式之一。例如，学术图书馆和研究型图书馆使用的是由美国国会图书馆开发的不同的系统。图书管理员使用的是适合他们管理馆藏和满足用户需求的编目系统。就像有多种方法来整理书籍一样，对生物多样性进行分类以满足不同需求的方法也不止一种。

传统上，生物学家将生物体细分为具有某些基本特征的大群体。60年前，大多数生物学家将生命分为两类：植物（用于描述固定不动且能够制造食物的生物体）和动物（用于描述可以移动并以其他生物为食的生物体）。

这种简单的生命分类方法并不适用于许多生物体，因此从1969年开始，科学家们开始使用五界系统，根据细胞类型和获取能量的方法对生物体进行分类：原核生物界，指无细胞核的单细胞生物群体（由我们现在所知的古细菌和细菌域组成）；原生生物界，具有细胞核的生物群体，在某些生命周期中它们是可移动的单细胞生物体；植物界，由自己制造食物；动物界，依赖其他生物为食；真菌界，以死亡的生物体作为营养来源。后三界均为多细胞生物。五界系统并不完善，例如，原生生物界包含从变形虫到藻类的多种多样的生物体，而这些生物只是表面相似。

最近，许多生物学家认为，对生命进行分类的最合适的方法是参考生物体之间的进化关系。回想一下，进化论指出，所有现代生物都是一个共同祖先的后代。从早期祖先分化出现代物种多样性的过程，形成了现代生命谱系（见图 4-2）。当根据生物体之间的关系对生命进行分类时，大类的分组对应生命早期发生的分化，小类的分组对应近期才发生的分化。在本书中，为了便于讨论，我们以五界系统的基础知识为主要依据，虽然生物学家现在已不再认同五界系统对进化的描述。

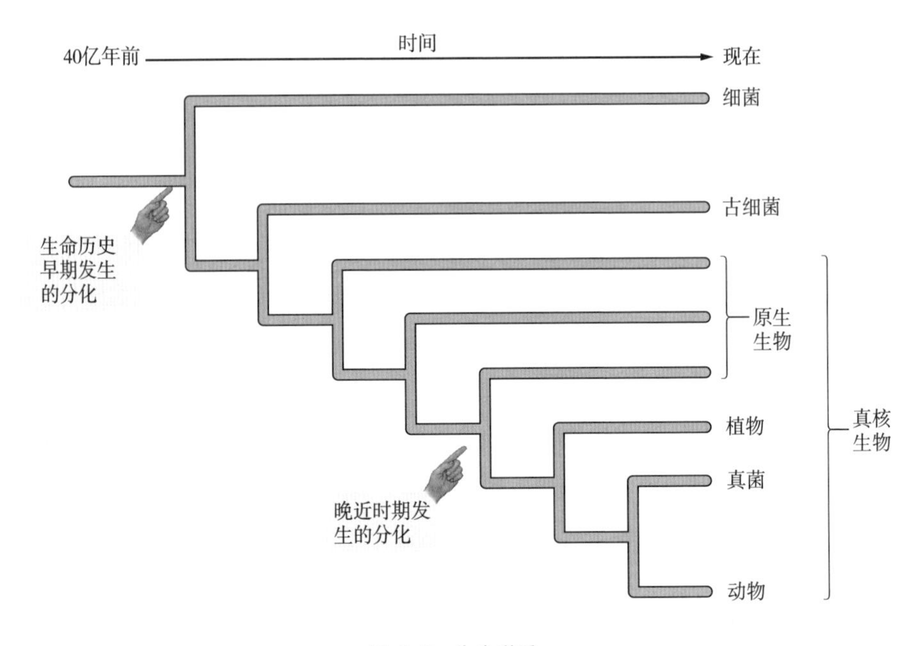

图 4-2　生命谱系

注：这个谱系是基于 rRNA 分析生成的数据的简化图，描述了生物体之间可能存在的进化关系。

要想确定所有生物体之间的进化关系，我们需要比较它们的 DNA。因为每个物种都是独一无二的，每个物种 DNA 中的核苷酸序列都是独一无二的。然而，因为所有物种都有一个共同祖先，所有生物体的 DNA 序列也存在一定的相似性。随着进化谱系出现分化，DNA 序列的突变在每个谱系中独立发生，这反映了生物体之间的进化关系。简而言之，亲缘关系较近的生物体的 DNA 序列应该比亲缘关系较远的生物体的 DNA 序列相似度更高（见图 4-3）。

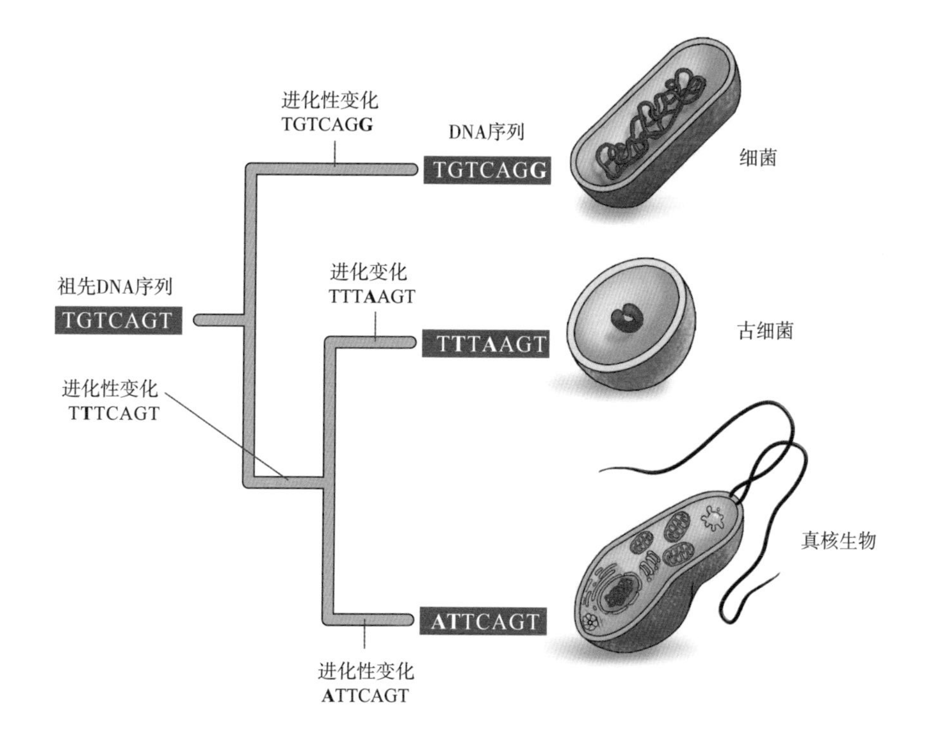

图 4-3　通过比较 DNA 确定生物体之间的关系

注：对各种生物体中编码核糖体小亚基 rRNA 的 DNA 序列进行比较，有助于科学家构建生命谱系。实际的比较中包含数千个碱基对；简化起见，这里只显示了其中一部分。

在比较所有现代物种时，科学家必须检查在人类、阿根廷蚁和蓝藻等多种形态的生物体中执行相似功能的基因。最符合此要求的 DNA 序列包含合成 rRNA 的指令，这是核糖体结构的一部分。回想一下，核糖体是存在于所有细胞中的类似工厂的结构，它们是基因被翻译成蛋白质的细胞器。每个核糖体的大亚基和小亚基中都包含几个 rRNA 分子。对无数生物中编码小亚基 rRNA 的 DNA 进行比较，便产生了类似于图 4–2 所示的谱系图。

图 4–2 中的三个界（真菌界、动物界和植物界）代表相对晚近时期分化出的生物群体。单细胞生物体没有用于储存 DNA 的细胞核，它们曾经都被归类于同一个界中，但科学家发现，它们实际上存在于两个不同的、差别很大的群体中，即古细菌和细菌。原生生物界是由许多不同的生物体汇集而成的。为了更好地反映它们之间的生物学关系，大约从 1990 年开始，生物学家开始将生命划分为三个域：细菌、古细菌和真核生物。这些域代表了生物体最古老的分化。

Q2 病毒为什么不是生物？

当我们考虑生物多样性时，也必须考虑到病毒，即与生物体相互作用但本身无法独立生存的有机体。病毒被认为是无生命的，因为它们无法维持体内平衡，并且在没有其他生物体帮助的情况下无法生长和繁殖。因为病毒在很大程度上是无生命的，许多生物学家把病毒排除在最伟大的物种的讨论之外。

但在摧毁人类文明方面，病毒有着不容小觑的力量。病毒通常仅由 DNA 或 RNA 链组成，这些 DNA 或 RNA 链由被称为衣壳的蛋白质外壳包围。有些病毒表面还包裹着类似细胞膜的包膜外壳。病毒基本上是一种具有寄生性的遗传物质，它必须借助其他生物体的细胞进行繁殖（见图 4–4）。当病毒进入宿主细胞时，它会利用细胞的转录机制复制其 DNA 或 RNA。复制的病毒基因组接下来使用宿主的核糖体、转运 RNA 和氨基酸来制造新的蛋白质外壳和其他多肽。如果病毒有包膜，它甚至会使用宿主细胞膜为子病毒制造包膜。

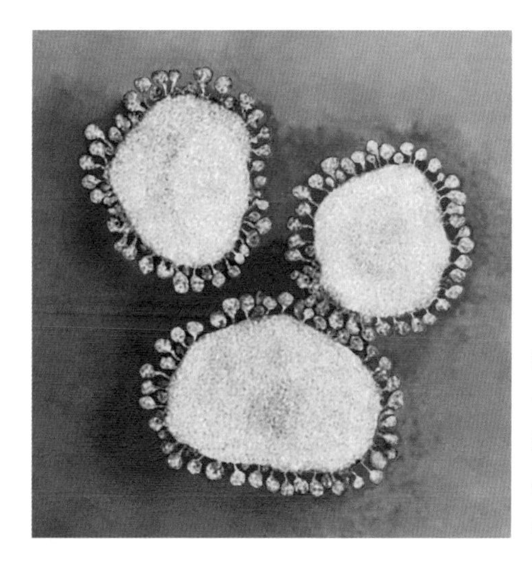

图 4-4 病毒

注：在高倍显微镜下观察到的引发严重急性呼吸系统疾病的病毒（严重急性呼吸系统综合征的病因，SARS）。这里可以看到蛋白质衣壳，上面布满了与宿主细胞结合的受体。

一旦细胞被病毒感染，它将因无法发挥其自身必要的功能而死亡。但是在受感染的细胞死亡之前，数十个被复制的病毒被释放出来，并继续感染其他细胞。一些对人类最具破坏性的病原体就是病毒，包括脊髓灰质炎病毒、天花病毒、艾滋病毒和流感病毒。艾滋病毒会对人体造成极大伤害，因为它会破坏免疫系统细胞，而这些细胞对于抵抗感染至关重要。感染艾滋病的个体会逐渐丧失对抗其他疾病的能力，包括艾滋病毒感染个体本身。

生物的分类

现在，我们已经清楚了将病毒排除在生物之外的原因。接下来，我们将生物分为六个类别（见表 4–2），以简化我们关于“最佳的”生物多样性的讨论。同时，我们还将分别描述这六个类别的生物。

直到不久前，大多数生物学家都还在使用五界系统来总结生命的多样性。现在，许多生物学家采用的是六类系统，通过承认三个主要的域和四个界的存在来更好地反映进化关系。

表 4-2　生物的类别

界的名称	界的特点	例子	已知物种的大概数量（个）	域的名称和特点
植物界	多细胞，通过光合作用制造养分，大部分是静止的	松树、小麦、苔藓、蕨类植物	300 000	真核生物 所有生物体都含有真核细胞
动物界	多细胞，以其他生物为食，生命周期里至少有一段时间是移动的	哺乳动物、鸟类、鱼类、昆虫、蜘蛛、海绵动物	1 000 000	
真菌界	多细胞，以其他生物为食，靠孢子繁殖，主体由被称为菌丝的细丝组成	霉菌、蘑菇、酵母菌、青霉菌、锈菌	100 000	
原生生物界	主要是单细胞形态，生活方式多样，包括类似植物类、类似真菌类和类似动物类	绿藻、变形虫、草履虫、硅藻、壶菌	15 000	
细菌界	原核生物，主要是单细胞形态，虽然有些会形成菌落或细丝	大肠杆菌、沙门菌、炭疽芽孢杆菌、鱼腥藻、硫细菌	4 000	细菌 细胞壁含有肽聚糖的原核生物。生活方式多种多样，包括许多可以自己制造养分的生活方式
古细菌界	原核生物，主要是单细胞形态，虽然有些会形成菌落或细丝	水生嗜热菌、嗜盐杆菌、产甲烷菌	1 000	古细菌 没有肽聚糖，在基因组组织和控制方面与真核生物相似。许多已知物种生活在极端环境中

细菌域和古细菌域

根据化石记录，地球上的生命至少出现在 36 亿年前。最古老的细胞化石在外观上与现代细菌和古细菌非常相似（见图 4–5）。细菌和古细菌都是原核生物，这意味着它们没有成形的细胞核，而细胞核可以为细胞中的 DNA 提供一个有核膜保护的独立空间。原核生物仍拥有细胞的其他内部结构，例如线粒体和叶绿体，这些都是更复杂的真核生物所具备的。原核生物的两个域在许多基本方面都存在差异，包括它们的细胞膜结构，但简化起见，我们将这两个群体放在一起讨论。

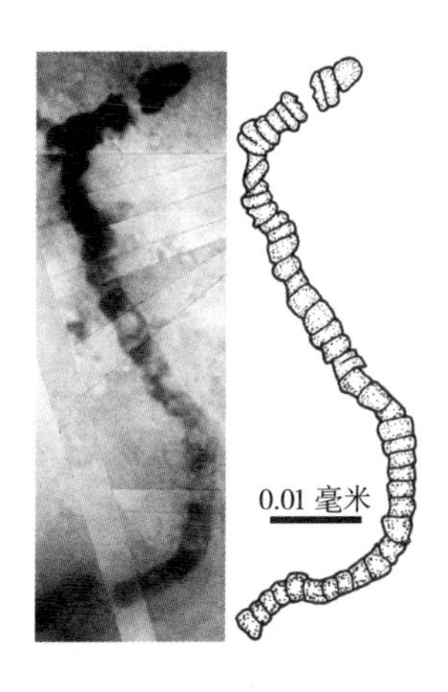

图 4-5　最古老的生命形式

注：这张化石照片的右侧附有一张说明图，展示了化石可能代表的生命形式。它与本章开头的蓝藻照片有些许相似。该化石是在距今 34.65 亿年的岩石中发现的。

尽管某些物种可能以链状或小菌落的形式存在，如图 4–5 所示，但大多数原核生物是单细胞形式的，这意味着每个细胞都是一个单独的生物体。单个原核细胞的大小只有构成我们身体的细胞的数百分之一。因为它们极为微小，所以通常被称为微生物，而研究这些生物体（以及单细胞真核生物）的生物学家被称为微生物学家。

原核生物的结构相对简单，这掩盖了它们令人难以置信的复杂性和多样性。我们可能认为人类的适应能力极为强大，从干燥的沙漠到寒冷的苔原，人类几乎在所有地方都能定居下来。但作为一个群体，我们却比不上原核生物（见图 4–6）。一些代表性的原核生物存在于人类生活的任何地方，但一些原核生物可以在地表以下数千米的岩石中生存，另一些原核生物以海底热液喷口释放的硫化氢为食，还有一些原核生物生活在南极冰盖之下的湖泊中。许多已知的古细菌仅在极端环境中生存，包括高盐和高温的生境。也许更值得注意的是，两个域中的许多原核生物都生活在其他生物体表面或体内，可以躲避宿主的免疫系统。

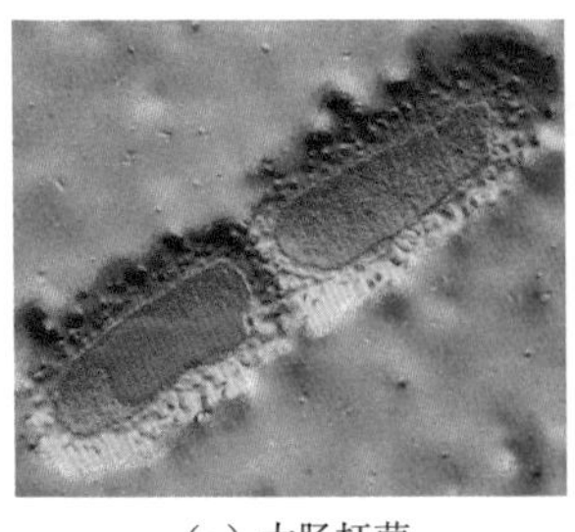
（a）大肠杆菌

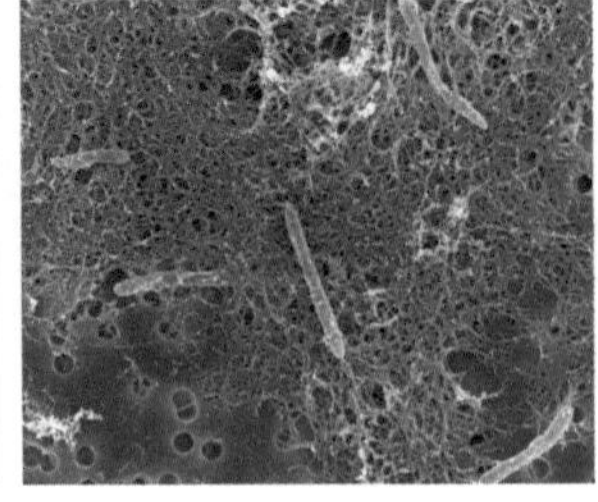
（b）金矿菌

（c）嗜盐杆菌

图 4-6　原核生物的多样性

注：（a）大肠杆菌，一种用于基础遗传研究的重要生物模型，以我们肠道中未完全消化的食物为食。（b）这张人工着色的电子显微图片展示了金矿菌，其英文名译为“勇敢的旅行者”，它在地表下 3.22 千米处被发现，靠放射性衰变释放的能量生存。（c）嗜盐杆菌，一种“嗜盐”的古细菌，在含盐量较高的池塘中被大量发现。这种细菌细胞中的红色素被用于光合作用。

尽管我们听说过一些有关人类在极端环境下生存的故事，例如，被困在南极两年多的探险家欧内斯特·沙克尔顿（Ernest Shackleton）和其他的船员；在安第斯山脉高地坠机中幸存下来并徒步到达安全地带的乌拉圭橄榄球运动员；被遗弃在孤岛上独自生存了 18 年的年轻女孩。但原核生物在这方面要比人类更胜一筹。一些细菌能够形成内孢子，一种含有 DNA、核糖体和少量细胞质的抗性结构。内孢子能抵抗极端温度、干燥、辐射，甚至太空的真空环境中生存，这些结构在形成后可以产生新的存活细胞，正如从 2.5 亿年前的盐矿床中被恢复的孢子所证明的那样，令人难以置信。

蓝藻（有时称为蓝绿藻）的一个特征是，不需要其他生物体即可生存——它们可以通过光合作用和固氮作用，仅从水、阳光和空气中制造出生命所需的养分。正是由于蓝藻在大约 36 亿年前开始的制氧活动，地球才能支持如今的各种生命形式。人类并不是唯一一种改变地球环境的物种！

如此看来，原核生物的适应性更强，可能比人类更有影响力。但是人类仍然主宰着所有其他物种，这证明我们相对于那些微小的竞争对手仍有一定的优势。事实真的如此吗？研究鼠疫耶尔森氏菌（一种能够导致腺鼠疫并在 14 世纪几乎灭绝了欧洲人口的细菌）的科学家可能不这样认为，那些研究导致结核病、沙门菌感染、伤寒和梅毒的细菌的科学家可能也不这样认为。诚然，尽管人类已经发现了抗生素，可以利用抗生素杀死或使引起这些致命疾病的危险细菌丧失功能，从而保护我们免受致命疾病的侵害，但我们无法自己制造这些化合物。事实上，有超过一半的抗生素是由细菌产生的，细菌产生这些抗生素是为了对抗与它有竞争关系的细菌。

细菌对具备攻击性的病毒进行防御，产生了另一类很有价值的分子，即限制性内切酶，这种蛋白质可以用于在特定序列位点切割 DNA，从而干扰或限制这些病毒的生长。限制性内切酶是基因编辑技术发展的关键因素，它使我们在基因技术上的许多进步成为可能。

虽然地球现在有 70 多亿人，但原核生物的数量比人类要多得多。现在我们所说的原核生物，可能就比地球上有史以来的人口总量还要多。科学家们目前还无法确定原核生物有多少种；一些微生物学家估计，未获得研究的物种数量可能高达 1 亿。

真核生物域的起源

生命的第三个域包含所有将遗传物质保存在细胞核内的生物，即真核生物。最古老的真核细胞化石大约有 20 亿年的历史，比最古老的原核生物化石晚近 15 亿年。

最早的真核细胞很可能是从原核细胞发展而来的，原核生物产生了多余的细胞膜并在细胞内形成褶皱。在某些细胞中，原始细胞核内的这些内膜可能将遗传物质隔离起来，并形成了翻译、重组和包装蛋白质的通道，就像现代真核生物细胞的内质网和高尔基体一样。根据内共生理论，在真核细胞中发现的线粒体和叶绿体似乎起源于在较大的原始真核生物中生存的细菌。当生物体生活在一起时，这种关系被称为共生。在这种情况下，共生关系是互利的，随着时间的推移，这些细胞就变得密不可分（见图 4–7）。

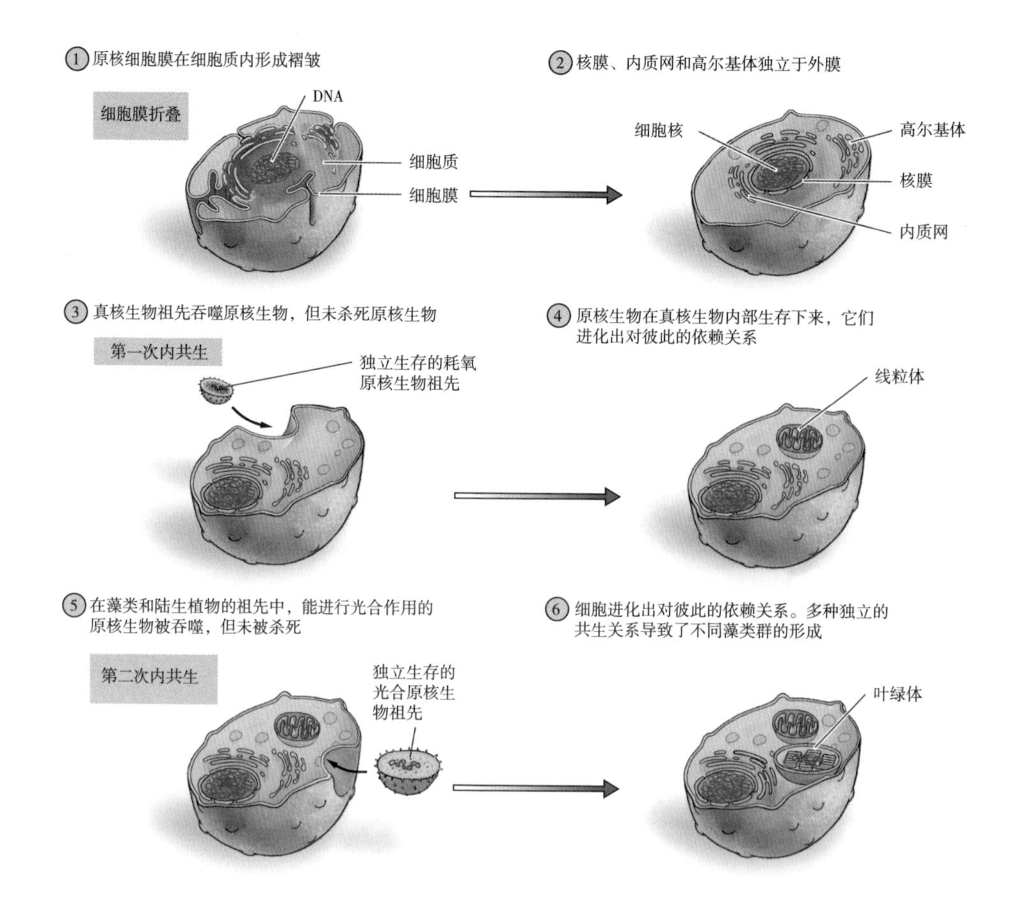

图 4–7　真核生物的进化

注：线粒体和叶绿体似乎是曾经独立生存的细菌的后代，现在这些细菌的后代存在于古老的有核细胞中。

当生物学家林恩·马古利斯（Lynn Margulis）于 1981 年在美国首次提出内共生假说时，她的许多同行都持怀疑态度。但是对线粒体和叶绿体的膜、复制方式的研究和核糖体的检验显示，这些结构与某些细菌有明显相似的特征。更有说服力的是，线粒体内的某些DNA序列与某些细菌物种的DNA序列相似。如今，内共生理论被广泛认为是对真核生物起源的最佳解释。

在线粒体进化后，真核细胞与各种光合细菌之间出现了独立的内共生关系。这些关系导致了叶绿体的进化—— 一种共生关系造就了绿藻和陆生植物，而其他关系似乎造就了其他现代群体中独特的叶绿体，包括那些在红藻和褐藻中发现的叶绿体。

原生生物

在五界系统中被称为原生生物者是由最简单的已知真核生物组成的。大多数原生生物是单细胞生物，尽管其中的一些呈现巨大的多细胞形态。与细菌和古细菌一样，大多数原生生物仍然不为人所知。

原生生物包括类似于动物、真菌和植物的生物体。不同的原生生物群体并没有一个共同祖先将它们独立区分出来。以前的一些原生生物群体现在被归入其他真核生物界。有关已知的原生生物群体中有多少个门，目前科学家们还没有达成一致意见。一些科学家认为只有 8 个，而另一些科学家则提出多达 80 个。表 4–3 列出了该界中一些相对常见的门。

表 4–3 原生生物的多样性

原生生物	一些选定门类的名称和特征	例子	
	纤毛虫 独立生存的单细胞生物，利用其毛发状结构移动	草履虫	
类似动物的原生生物	**鞭毛虫** 利用一根或多根长鞭状尾巴移动。大多数独立生存，但有些会通过感染人体器官引起疾病	贾第鞭毛虫	
	变形虫 可变形的灵活细胞，可以通过伸展伪足（“假足”）任意移动	变形虫	

续表

原生生物	一些选定门类的名称和特征	例子	
类似真菌的原生生物	**黏菌** 在物体表面上结成网状体，或以变形虫形态的细胞整体移动，以死亡和腐烂的物质为食	绒泡菌	
	硅藻 单细胞形态，被包裹在二氧化硅（玻璃）中	硅藻	
类似植物的原生生物	**褐藻** 大型多细胞海藻	海带	
	绿藻 陆生植物的近亲。有单细胞形态和多细胞形态	团藻	

通过光合作用制造养分的类似植物的原生生物被称为藻类，这个群体实际上由几种截然不同的、高度分化的生物类别组成。其中每一个藻类的门都有自己生产和储存养分的方法。作为地球 1/4 氧气的来源和大多数水生食物链的基础，藻类理所应当被列入地球上的十大生物之列。

与藻类不同，类似动物和类似真菌的原生生物不能自己制造食物。像人类一样，这些门靠消耗有机分子来生存。地球上最丰富的有机分子是纤维素，即构成植物细胞壁的碳水化合物。虽然可供人类食用的食物种类繁多，但我们无法消化纤维素——事实上，没有动物可以直接分解这种分子。然而，一些原生生物群体（以及各种细菌）可以分解纤维素。也许我们不应该断言人类比那些相对微小的生物能够更好地利用各种资源。

另一个原生生物群体也使我们对人类所谓的优势提出了质疑。黏菌是类似真菌的原生生物，主要以单细胞形式生长在土壤或死亡植物的表面，在生存困难时期能够发起“增援”信号并与其他同类聚集在一起。当单个细胞开始脱水或饥饿时，它们就会释放出一种化学信号，作为“号召”其他黏菌细胞的归巢信号。一旦大约有 10 万个细胞聚集在一起，黏菌就会变成某种外观和行为类似于蛞蝓的单个多细胞生物。（黏菌聚集形成的）“蛞蝓”是作为一个整体移动的，直到找到合适的环境才停止移动，然后再次转变为可以产生孢子的结构。个体的细胞全部被包裹在孢囊壁的纤维素中，孢子头破碎后会将这些细胞分散到新的环境中。

动物界

从第一个原核生物的起源到大约 12 亿年前，地球上的生命仅由单细胞生物组成。接下来，多细胞生物开始出现在化石记录中。6亿年前古老的多细胞生物，被称为埃迪卡拉动物群，它们是不同于任何现代物种的生物，有着巨大的叶子和装饰性的圆盘（见图 4–8）。

图 4–8 埃迪卡拉动物群

注：对这种在寒武纪大爆发之前存在的多细胞生物进行重建的依据是 5.8 亿年前的化石遗骸。

生物学家不确定这些古老物种中的哪一个是现代动物的共同祖先——现代动物被定义为多细胞生物，它们通过摄取其他生物来生存，并且在生命周期中至少有一个阶段是能动的（有能力移动）。从化石记录中可以清楚地看出，大约在 5.3 亿年前，几乎所有的现代动物群体已经出现了。

现代动物的突然出现，被称为寒武纪大爆发，这一时期只占地球生命历史的 1% 多一点。寒武纪大爆发是以这个出现物种激增的地质时期而命名的。一些科学家假设，动物生活方式本身的进化，即变为其他生物的捕食者，导致了寒武纪大爆发。

很难想象像人类这样复杂的动物是如何从简单的真核生物祖先进化而来的。然而，人类与其他真核生物并没有太大区别。当第一个有细胞核的细胞出现时，现代细胞中发生的所有复杂过程，比如细胞分裂和细胞呼吸，都成为可能。当第一批多细胞动物出现时，维持这些较大生物体生存所需的许多过程，例如细胞之间的交流系统以及器官和器官系统的形成，都得以发生。尽管人类和海星看起来有很大差异，但人类的发育方式以及人类的细胞和两者共同器官的结构和功能几乎都相同。

人类和海星之间的遗传差异似乎微乎其微。大多数差异发生在控制发育（即从受精卵转变为成年生物的过程）的一组基因中。此外，自动物的主要进化谱系发生分化以来的 5.3 亿年，足以使得不同门的物种之间产生巨大差异。或者说，如果自寒武纪大爆发以来的时间按 24 小时计算，那么整个人类历史的长度只占了生命历史最后的 2 秒。

寒武纪大爆发至今已经历了相当漫长的时间，恐龙的出现和灭绝都在这个时间段内发生。与此同时，哺乳动物和海星仍在持续分化着。动物学家现在描述了该界中超过 25 个现代动物门。表 4–4 展示了一些广为人知的例子。

表 4–4　动物界中的门

动物界主要的门	描述	例子	
多孔动物门	固定在水下表面，其结构松散的体腔可以过滤并吸入水中的细菌	海绵	

续表

动物界主要的门	描述	例子
刺胞动物门	呈辐射对称（形如轮子），有触须。其中一些成熟后固定在某物的表面（例如珊瑚），而另一些则在海洋环境中自由漂浮（例如水母）	海葵 
扁形动物门	呈丝带状的扁虫。生活在陆地和海洋的各种环境里，或作为其他动物的寄生虫生存	绦虫 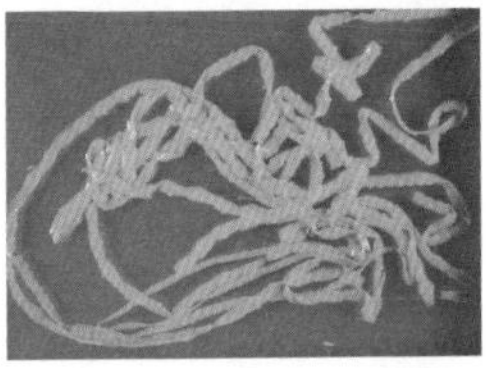
软体动物门	通常有硬壳保护的软体动物。正面观察可看到其身体由一个肌肉发达的足部和包裹在肉质覆盖物中的体腔组成。该门包括蜗牛、蛤蜊和鱿鱼	章鱼 
环节动物门	分节蠕虫。身体由一些重复的片段组成	蚯蚓 
线虫动物门	身体呈圆柱形。非常多样化，在多种环境中广泛存在	蛔虫 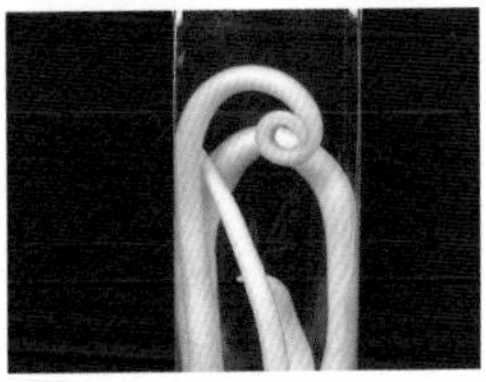
节肢动物门	身体呈节段状，各节段起着不同的作用（例如腿、口器和触须）。身体完全封闭在外骨骼中，壳随着动物的成长而脱换。该门包含昆虫、蜘蛛、螃蟹和龙虾	虾 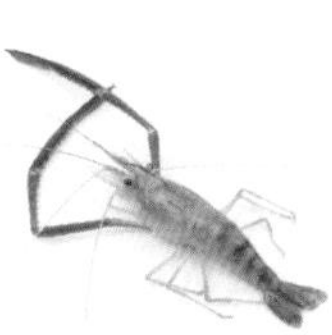

续表

动物界主要的门	描述	例子	
棘皮动物门	缓慢移动或不动的动物，没有节段，身体辐射对称。具有突起物的内骨骼使其拥有多刺或可自我防御的表面	海胆	
脊索动物门	具有脊髓（或脊髓状结构）的动物。包括所有大型陆生动物以及鱼类、水生哺乳动物和蝾螈	鸭嘴兽	

注：表中各门是按照动物在进化过程中出现的顺序排列的，即从更古老的海绵动物到近代的脊索动物。

谈及动物时，大多数人通常会想到哺乳动物、鸟类和爬行动物，但有脊椎的物种（包括这些动物以及鱼类和两栖动物），被称为脊椎动物，仅占该界总物种的 4%。在这些脊椎动物中，有些也能成为“地球上最伟大的物种”的有力竞争者。我们认为人类独有的许多性状，在其他脊椎动物中也都有发现——有时甚至发展得更好。海狸有能力极大地改变环境以适应自身的需要。许多脊椎动物，包括乌鸦和黑猩猩，可以使用制造工具的技术来更好地利用周围的资源。一些脊椎动物甚至似乎有极富创造力的冲动——某些鲸鱼的歌声以及园丁鸟的巢就可以证明这一点。海豚有更复杂的交流方式，不仅使用人类所使用的听觉和视觉信号，还使用它们所独有的触觉和嗅觉。还有某些鱼类为了使繁殖机会最大化，甚至具有不可思议的转换性别的能力（见图 4–9）。

动物界中其余 96% 的已知生物是无脊椎动物（没有脊椎的动物，见图 4–10）。地球上绝大多数多细胞生物都是无脊椎动物。由于无脊椎动物种类的多样性，无脊椎动物的能力超越人类的例子不胜枚举。阿根廷蚁分布在六大洲和众多海洋岛屿上，在地球表面的分布范围与人类不相上下，在数量上甚至超过人类。灯塔水母是已知的唯一一种在性成熟后能够恢复到早期发育阶段的动物，理论上这可以使其永生。章鱼和它们的近亲可以改变自己的形状和皮肤，以在各种环境中伪装自己。一些动物学家估计，目前可能有多达 3 000 万种无脊椎动物还没被人类发现，尤其是生活在海洋中的无脊椎动物。

（a）

（b）

（c）

图 4-9　脊椎动物的技能

注：（a）海狸可以移除大量树木，筑坝拦截溪流建造池塘，通过这些方式从根本上改变环境。（b）乌鸦通过制造一根小棍来寻找洞里的幼虫，展示了极强的工具使用能力。（c）园丁鸟的巢是为了吸引雌性而建造的，但其装饰显示出一种可以与人类创造力相媲美的艺术天赋。（d）小丑鱼会在群体中雄性的个体数量大于雌性时，从雄性转变为雌性。

（d）

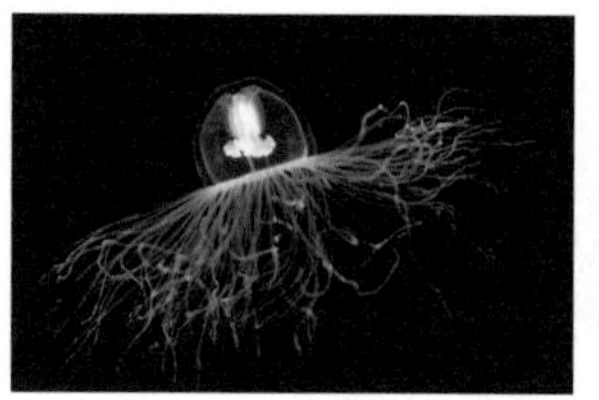

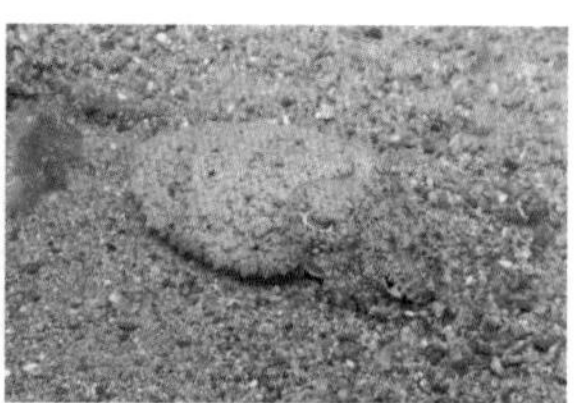

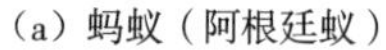

（a）蚂蚁（阿根廷蚁）　（b）水母（灯塔水母）　（c）乌贼（普通乌贼）

图 4-10　几种无脊椎动物

真菌界

尽管我们对动物多样性的了解还远远不够，但对另一个多细胞真核生物界——真菌界——更是知之甚少了。像植物一样，真菌是不可移动的，但是许多真菌会产生子实体结构来传播孢子。孢子是类似于植物种子的细胞，因为它们会发芽长出新的个体。由于这种相似性，几代生物学家都将真菌归入了植物界。然而，植物通过光合作用为自己制造食物，而真菌则通过分泌有助消化的化学物质来消化其他生物体。这些化学物质可以将复杂的有机物分解成小分子，然后被真菌吸收。因为它们依赖其他生物作为食物来源，所以真菌更像是动物而不是植物。真菌学家进行的 DNA 序列分析表明，真菌和动物界间的关系，比它们中任何一个与植物界的关系都更加密切。

提到真菌时，你首先想到的可能是蘑菇，而蘑菇恰恰是使人们对该界产生误解的一个例子。真菌的大部分功能是由一种叫作菌丝的非常薄的丝状物质完成，菌丝在其食物来源表面和内部生长，人们所熟悉的蘑菇只是出现在食物表面的生殖器官（见图 4–11）。菌丝的丝状形态最大限度地扩大了其摄取食物的范围。一些真菌以活的组织为食，而另一些则负责分解死亡的生物体。后者是生态系统中养分循环的关键。

真菌门的生物通常是通过它们形成孢子的方法彼此区别的（见表 4–5）。然而，趋同进化，即不相关的物种因相似的环境而形成相似的外形，使得这些不同的门具有相似的外形和生活方式，我们称之为“真菌形态”。有着重要商业价值的真菌形态之一便是酵母，它是一种单细胞真菌，生活在液体中，至少存在于两种不同的真菌门中。与包括我们自己在内的大多数真核生物不同，酵母有一个称为酒精发酵的代谢过程，即使在没有氧气的情况下，它也可以从碳水化合物中提取大量能量。酵母在缺氧但富含糖的环境中活动可以形成乙醇。面粉制成的面糊中，酵母的代谢也会导致 CO_2 的产生，而 CO_2 会被小麦蛋白纤维捕获，因此在面包制作过程中面团会“膨胀”起来。

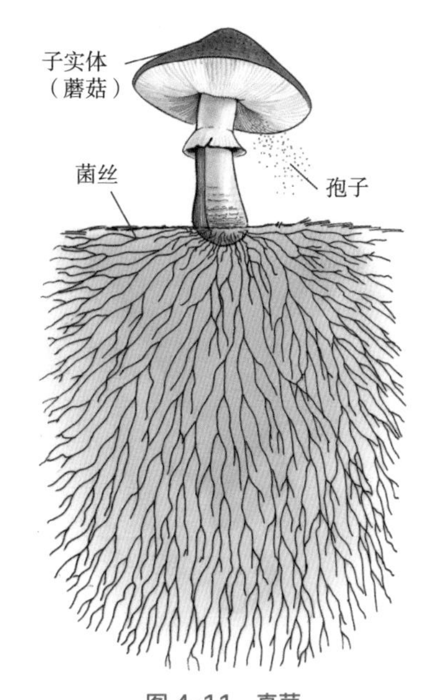

图 4-11　真菌

注：菌丝可以延伸到很大的范围。我们所熟悉的蘑菇以及不太熟悉的真菌的子实体结构，其主要作用是传播孢子。

表 4-5　真菌的多样性

真菌界主要的门	描述	例子	
接合菌门	有性生殖发生在被称为接合孢子的小的抗性结构中。大多数繁殖是无性的——直接通过有丝分裂完成	黑根霉（面包霉）	
球囊菌门	可能无法进行有性生殖，孢子以各种方式形成。独特之处在于该门的所有成员都是菌根真菌	菌根真菌	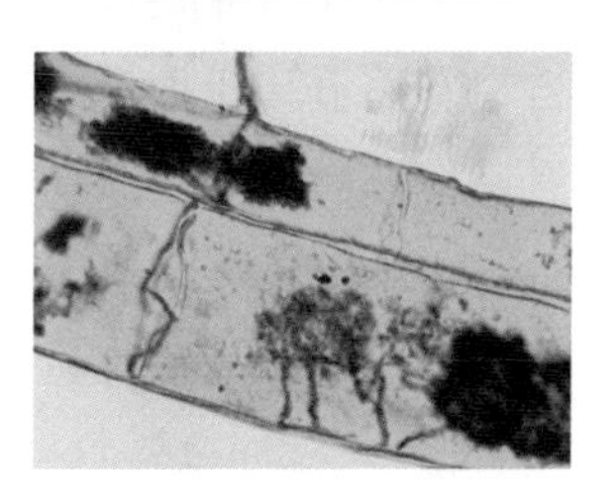

续表

真菌界主要的门	描述	例子	
子囊菌门	孢子在菌丝顶端的囊状子实体结构中产生	羊肚菌	
担子菌门	孢子在菌丝顶端子实体结构中专门的棒状附属物中产生	毒蝇鹅膏菌（毒蝇伞）	

注：按照孢子产生的方式，真菌可以分为几个门。该表对一些最常见的门进行了描述。

还有一种被称为霉菌的形式存在于所有的真菌门中，并且在商业上有着很重要的价值。尽管这种快速繁殖、快速生长的霉菌可以通过使牛奶“变质”的方式产生特定种类的美味奶酪，包括蓝纹奶酪和卡芒贝尔奶酪，但它们也会使水果和其他食物变质。最早发现的抗生素青霉素就来源于一种霉菌。当今人们广泛使用的抗生素中约有 1/3 来自真菌，真菌可以产生抗生素是因为它们要与细菌争夺食物。

图 4-12　控制者和被控制者

注：在蚂蚁死亡之前，从蚂蚁头部生长出来的真菌控制着蚂蚁的行为——诱导它爬上植物的茎干，以最大限度地传播真菌。

尽管我们可能认为，人类独自享有强迫其他物种按照我们的意愿行事的能力，但某些真菌也具有这种能力（见图 4–12）。偏侧蛇虫草菌是一种以蚂蚁为寄主的真菌，它可以使蚂蚁彻底改变它们的行为。在正常情况下，会受到此类真菌影响的蚂蚁生活在树上，但当被真菌感染时，蚂蚁就会变成“不受自我控制的僵尸”。它会从树上掉落下来，爬上植物的茎干，然后用它的颚牢牢地附着在叶子上。在那里，蚂蚁慢慢地被真菌从内而外地消耗掉。当真菌最终生出蘑菇时，它便处于最佳的位置，从而使得孢子能够最大限度地扩散分布。蚂蚁就这样以最戏剧化的方式变成了“无法自控的囚犯”。

有些真菌则好比是早期的农民。菌根代表着真菌菌丝和植物的根之间的共生关系，它的存在对双方都有益处（见图 4–13）。大概 90% 的植物都有菌根。植物和真菌之间的关系甚至在最古老的陆生植物化石中也屡见不鲜，而且这种共生关系可能是某些寄生于植物的真菌在没有彻底杀死这些植物时进化而来的。相反，通过让它们的宿主在不那么肥沃的土壤上生存的事实，这些真菌早在数百万年前就已经做到了农民用了近 2 万年才学会的事情：扩大和维护作为它们食物来源的物种的生境。

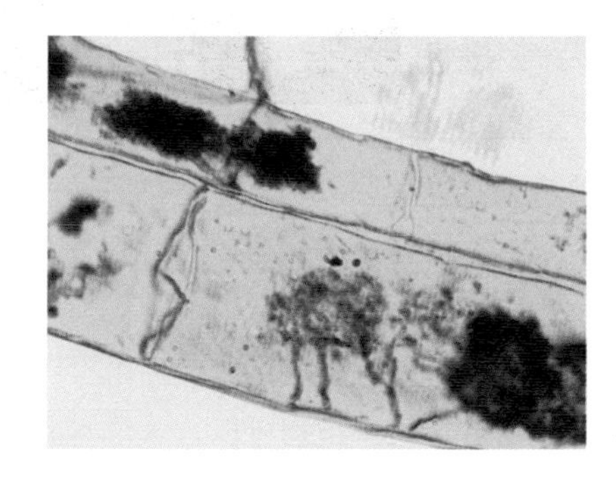

图 4-13　作为“农民”的真菌

注：菌根真菌（此图中植物根部细胞内的暗影）受益于植物光合作用产生的碳水化合物。由于这些真菌的存在，植物能够更好地吸收某些养分，因此它们可以在较贫瘠的土壤中生存。像农民一样，真菌的活动有利于它们依赖的食物的生长。

植物界

植物界由多细胞真核生物组成，它们通过光合作用自己制造养分。植物在陆地上已经存在了4亿多年，它们的进化特征是对陆地环境的适应能力越来越强（见表 4–6）。

表 4-6　植物的多样性

植物界主要的门	描述	例子	
苔藓植物门	苔藓。由于无维管组织，这些植物非常矮小，通常仅生长于潮湿的环境下。通过孢子繁殖	苔藓	
蕨类植物门	蕨类植物和类似的植物。含有维管组织，可以长成树木的大小。通过孢子繁殖	蕨	
裸子植物门	结球果的植物。类似最早的种子生产者，包括针叶树	苏铁	
被子植物门	开花植物。由花发育而成的果实内产生种子。维管组织和化学防御方面的进化使得它们目前在地球上处于主导地位	兰花	

注：按照在进化史中出现的顺序，该表列举了植物的四个主要的门。

最早在陆地上定居的植物很小，而且紧贴地面。小巧的外形对它们来说非常有用，因为它们无法将水输送到离土壤表面较远的地方。维管组织由可以输送水和其他物质的特殊细胞组成，维管组织的进化使得植物可以长成树木的大小，并且在更干旱的地区也能生存。种子，保护幼苗并为其提供营养物质来源的结构，其进化代表了植物对干旱的陆地环境的另一种适应。

几种不开花的种子植物绝对可以与人类竞争“地球上最伟大的物种”的称号。狐尾松树是地球上寿命最长的生物之一。已知最古老的狐尾松树于 5 000 多年前萌芽，大约与埃及王朝开始的时间相同。地球上最大的生物是巨型红杉，高达 94 米，直径 9 米，比最大的蓝鲸（已知地球上存在的最大的动物）大 16 倍。

大多数现代植物都属于大约 1.4 亿年前出现的开花植物群体。像它们的祖先一样，开花植物拥有维管组织并产生种子。此外，这些植物进化出了一种特殊的生殖器官——花。90% 以上的已知植物物种是开花植物（见图 4–14）。

（a）铁锤兰

（b）荚蒾

（c）箭毒藤

图 4–14　开花植物的多样性

注：这些植物似乎可以与人类竞争"地球上最伟大的物种"的称号。（a）铁锤兰会操纵传粉者并且不给它们提供任何奖励。（b）荚蒾的生殖行为就像哺乳动物一样，将主要资源分配给受精卵。（c）箭毒藤产生的致命毒素的威力与人类制造的最危险的化学武器不相上下。

从约 1 亿年前到 8 000 万年前，开花植物的不同类群或科的数量从大约 20 个增加到 150 多个。在此期间，开花植物几乎成为所有生境中最丰富的植物类型。在真核生物界中，关于植物的描述也是最清楚的。许多植物学家认为，未知植物物种的数量相对较少，可能只有几千种。

开花植物的快速扩张被称为适应辐射，即从一个或几个原始物种演变至庞大的、多种多样的后代物种群体的过程。适应辐射要么发生在一个生物群体出现进化突破之后，要么发生在竞争群体灭绝之后。寒武纪大爆发时动物的辐射可能是捕食方式进化的结果，而大约 6 500 万年前开始的哺乳动物辐射发生在恐龙灭绝之后。开花植物的辐射肯定是由于出现了进化突破——它们的某些优势使其得以发挥自身的作用。

植物生物学家或植物学家，仍在争论开花植物的哪些性状使它们比不开花植物更具优势。一些人认为，开花植物的繁殖特性造就了它们的辐射——包括利用其他物种的能力，虽然我们可能认为这种能力是人类所独有的。开花植物借助动物来转移配子进行授粉。为了使这一方式更加有效，植物已经进化出了能够吸引可靠传粉者的形态，包括美丽而芬芳的花瓣，从而将昆虫吸引到植物富含糖分的花蜜上。当昆虫或动物成为某种花的可靠传粉者时，植物种群通常会进化得更便于为这些访客装载雄性配子的形态，即花粉。反过来，植物种群的改变又推动了传粉者种群的进化，因此传粉者在与花的关系中具有了某种排他性——通过对传粉者的性状进行选择，开花植物可以确保它们的花粉总是被传递到同一物种的其他花上。在这种关系中，两个物种进化出对彼此的适应，这样的模式被称为共同进化，它能够使某些植物与其授粉者紧密地配合。这样的现象已经出现并延续了至少 1.4 亿年，并且可能是开花植物多样性增加的一个关键因素。

一些开花植物物种利用这种共同进化过程，使雄性昆虫扮演着授粉使者的角色，在看起来如同雌性昆虫一样的花朵之间传递花粉（见图 4–14a）。雄性昆虫在这样的花粉传递过程中什么也得不到，反而会消耗大量的时间和精力。人类可能有能力让动物为我们服务，但我们需要为它们提供食物、水和栖息之处。我们是否曾经像这些花一样，有效地诱导动物按照我们的意愿行事，而根本不提供任何回报呢？目前还不清楚。

另一个可能导致开花植物成功繁殖扩散的性状是双受精，即来自单个花粉粒的精子同时使卵子和一个专门的产生食物的组织受精（见图 4–15）。这类似于人类等哺乳动物的繁殖方式，因为只有在成功受精后，大量能量才会被集中传递给后代。这种方式可以防止个体在受精失败的情况下浪费能量。早在哺乳动物出现之前的数百万年，开花植物就进化出了这种有备无患的繁殖方式。人类现在受益于开花植物高效的种子和果实制造方式——玉米、小麦和大豆祖先的成功繁育作为人类农业的基础，使得人类文明建造了高耸的建筑物和纪念碑。

在拖延和击败天敌的能力上，开花植物也不亚于人类。由于植物无法在捕食者面前逃走，自然选择便倾向于使其产生能够阻止捕食者靠近的毒素。这些毒素大多数是通过初级生化途径的次级反应产生的——在某种程度上，这其实是一种技术创新。产生的化学物质被称为次生化合物。例如，箭毒藤产生的毒素可以阻断神经和肌肉之间的联系。动物体内有了这种叫作箭毒的毒素便会麻痹，进而无法对藤蔓造成伤害。箭毒是通过氨基酸合成过程的次级反应产生的。在这种情况下，自然选择肯定会优先选择那些不仅可以保证正常产生氨基酸，还能产生这种有毒的次生化合物的遗传变异。

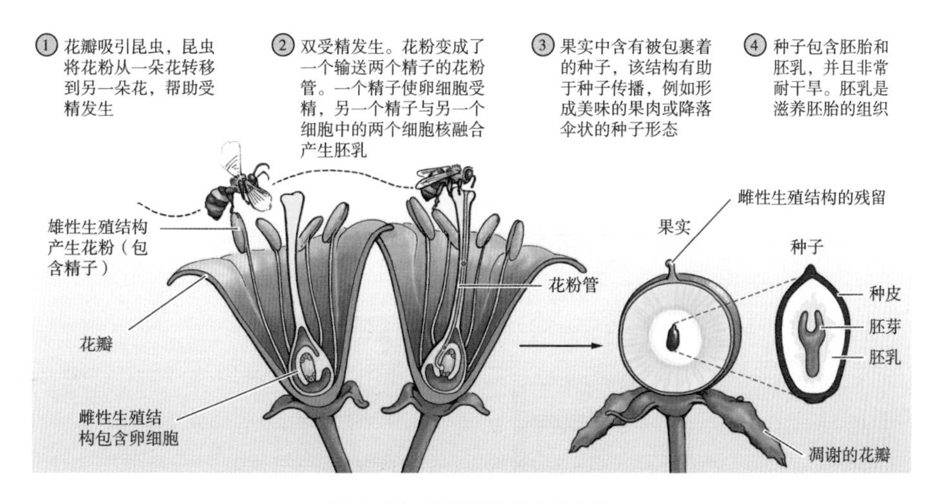

图 4-15 开花植物的有性生殖

注：开花植物与其他植物之间的生殖差异，包括产出便于扩散的果实，都可能导致了它们的适应辐射。

你可能听说过其他次生化合物，包括尼古丁、可卡因、蓖麻毒蛋白和氰化物，以及药物阿司匹林和洋地黄。尽管人类已经学会了如何提取这些毒素供人们在不同情况下使用——有时动机并不友好——但数百万年来，开花植物在这种形式的化学技术战争中一直都扮演着重要的角色。

Q3 为什么有些看起来相似的生物却不属于相同类别？

虽然我们可以想象出许多不同的分类方法，但大多数生物学家认为，反映进化关系的进化分类，比基于表面相似性的分类方法更有用。

某些爬行动物和鸟类之间的关系可以辅助说明这一点。科莫多巨蜥和美洲短吻鳄都是大型爬行动物，它们都是埋伏型捕食者，即埋伏在某处等待猎物。这两种动物都是用四足行走、身上覆盖着鳞片的冷血动物。而鸟类是恒温动物，身上覆盖着羽毛并长有翅膀（见图4-16）。毫不奇怪，非进化分类会将鳄鱼与科莫多巨蜥和其他冷血、有鳞的爬行动物归为一个类别。然而，来自形态学、生理学和遗传学的有力证据表明，美洲短吻鳄与鸟类的亲缘关系比其与科莫多巨蜥的亲缘关系更近。如果科学家想更多地了解科莫多巨蜥的解剖结构、生理、行为和生态的信息，他们不应该把对美洲短吻鳄的研究作为切入点，因为美洲短吻鳄是一种与科莫多巨蜥亲缘关系较远的生物。相反，他们应该关注亲缘关系更近的蜥蜴。事实证明，科学家可以通过研究鳄鱼来了解更多关于鸟类的知识。

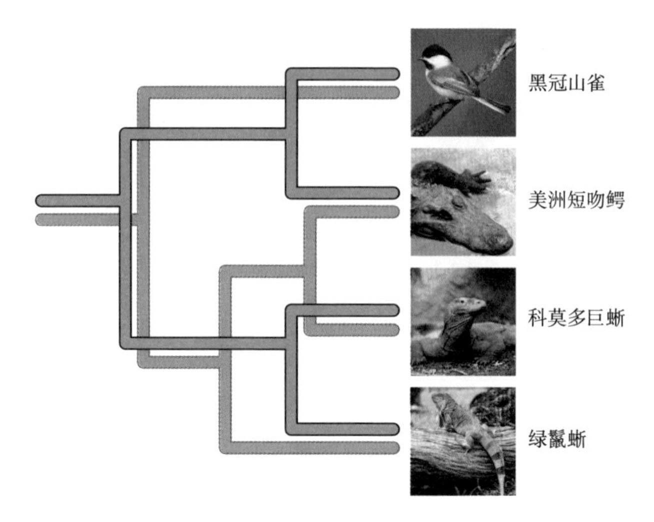

图 4-16　生物分类的挑战

注：进化关系有时会令人感到惊讶。粉色的系统发生树（进化树）展示了我们根据鸟类和各种爬行动物之间表面的相似性和差异性所预测的进化关系。但是，绿色的系统发生树展示的是受到相关数据支持的进化关系。

发展进化分类。进化分类基于这样一个原则，即一个共同祖先的后代可能具有首次出现在其祖先身上的一切生物性状。例如，该原则已被用于揭示不同种类麻雀之间的进化关系。

所有物种的名称都由两部分组成，名称的第一部分表示该物种的属或所属的更广泛的亲缘物种群体；第二部分则是该属内的特定物种。实际上，物种名称就像人的全名，其中姓反映了家族，名则指向家族中的特定个体。在识别特定物种时，名称的两部分都会使用到，尽管我们讨论同一属中的一个物种群体时，属名可能会采用其首字母。

图 4–17 展示了一种假设的系统发生，也就是带鹀属中物种的进化关系。科学家们使用了一种被称为支序分析的方法，即一种检验亲缘关系较近的物种之间的性状变化的方法，以确定这一系统发生。如果只查看四种鹀物种的头部，并与它们的亲缘物种暗眼灯草鹀进行比较，我们会发现，在这四种鹀物种中，除了赫里氏带鹀以外，其他三种有亲缘关系的物种在它们的冠部都有深浅交替的条纹。这一观察结果似乎表明，这些鹀的冠部条纹是在其辐射早期进化出来的。在有冠部条纹的三种鹀物种中，有两种鹀有七条条纹，而金冠带鹀只有三条条纹。条纹数量的增加似乎是在最初的冠部条纹图案基础上进化而来的。最后，在有七条冠部条纹的两个物种中，只有一个在其喉部进化出了一块明显的白色斑块，因此它被形象地命名为白喉带鹀。在这四种鹀中，它们辐射的每一步似乎都表现出可见的外形变化。

遗憾的是，重建进化关系并不像上文中鹀的例子那么简单。很多后代物种可能会失去在其祖先身上进化而来的性状，或者一些无亲缘关系的物种可能通过趋同进化获得相同的性状。你甚至可以在图 4–17 的系统发生中看到趋同进化的案例：与白喉带鹀一样，金冠带鹀头上也有一撮金色的羽毛，这些羽毛似乎是独立进化出来的。趋同性状的存在使进化分类的发展变得更加复杂。

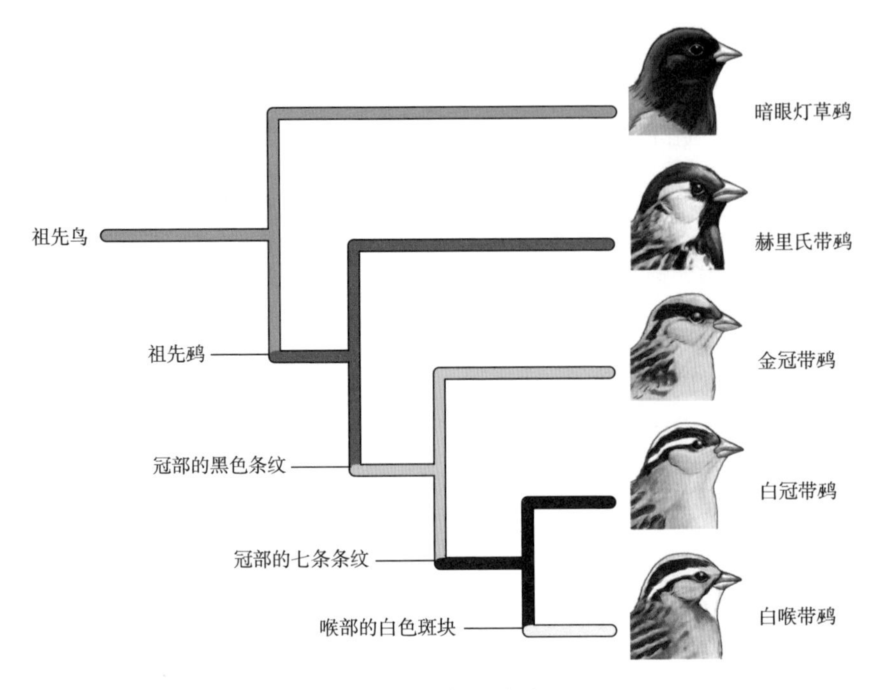

图 4-17 追溯进化史

注：通过与亲缘关系较远的物种，即暗眼灯草鹀相比较，可以看出这四种鹀中哪些有着相同的生理特征，进而可以推断这四种鹀之间的关系远近。

检验进化分类。进化分类是对生物体之间关系的一种假设。我们很难直接检验这个假设，因为科学家们无法观察到导致不同生物体出现的真实进化事件。然而，科学家们可以通过运用来自化石和现存生物体的信息来检验他们的假设。

通过研究已灭绝生物的化石，科学家们可以收集有关各种生物谱系的线索。例如，鸟类化石清楚地表明，这些动物是从类似鳄鱼的祖先进化而来的。

来自现存生物体的信息可以提供关于进化关系的更精细的细节。如图 4–3 所示，亲缘关系较近的物种应该具有更相似的 DNA。如果 DNA 相似性的模式与物种间进化关系的假设相匹配，那么系统发生则能得到强有力的支持。鸟类和鳄鱼之间的关系就是这种情况。DNA 序列比较结果表明，鳄鱼的 DNA 与鸟类的 DNA 的相似度远大于它与科莫多巨蜥的 DNA 的相似度。

相反，DNA 序列的比较结果不能支持图 4–17 中所展示鹀的系统发生。这里的数据表明，白冠带鹀和金冠带鹀的亲缘关系很近，而白喉带鹀与它们的亲缘关系则较远。在这种情况下，我们需要更多维度的观察来辨别带鹀属之间真正的进化关系。

地球上最伟大的物种

我们对生物多样性的调查仅提供了地球上进化出的非凡生命形式的少量样本。但即使我们能提供更详细的解释，关于有史以来最伟大的物种（或物种群体）的争论也不会有一个明确的答案。人类非常伟大，但我们随时可能会被一些简单的东西打倒，比如无法独立生存的病毒等，而且我们需要依靠许多其他物种的特性来生存。

与所有其他物种相比，人类的卓越之处在于，我们有能力使用科学方法来了解世界，并利用这些知识来改变环境。很明显，地球上没有其他物种具有这种特性。我们对世界的理解虽然有限，但已足够引导我们对生物多样性有更深的认识。我们知道，由于人类对自然生境的破坏，每年都有成千上万的其他生物在消失。我们知道，生物多样性的急剧减少不仅使人类尚未发现的一些生物永远不会被人类了解，更削弱了地球承载人口的能力。

如果生物多样性以目前的速度消失，我们这一代人很可能是最后一群可以享受大自然的各种奇观和福利的人。人类可以帮助减缓生物多样性消失的速度，但前提是我们开始认识到人类所拥有并赖以生存的非凡生物多样性的价值。如果我们能够做到这一点，也许人类终将赢得“有史以来地球上最伟大的物种”的称号。

要点回顾

BIOLOGY : SCIENCE FOR LIFE >>>

- 已知现存物种的数量估计为 130 万，但未知物种的总数可能是它的几倍。
- 病毒是由与宿主细胞这一运输载体中一样的遗传物质与蛋白质外壳组成的非生命体，只能通过利用活细胞内的复制机制进行繁殖。
- 大多数生物学家认为，反映进化关系的进化分类，比基于表面相似性的分类方法更有用。

BIOLOGY
SCIENCE FOR LIFE

第二部分

生 态

BIOLOGY
SCIENCE FOR LIFE

05

人口增长会导致种群毁灭吗？

妙趣横生的生物学课堂

- 现在的人口增长速度过快了吗?
- 人口快速增长带来的后果是什么?
- 我们该如何消除人口快速增长带来的风险?

联合国在2015年发布的预测报告中指出，世界人口约为73亿——比50年前的世界人口增加了40亿。联合国还预测到，世界人口将持续增长几十年，到2100年将稳定在100～125亿。许多观察家将这份报告视为又一个坏消息。联合国对于人口的预测值不仅高于之前的水平，也使得许多科学家和环保主义者开始思考，地球能否在更长时间内承载73亿人口，更不用说22世纪可能再增加52亿人口了。

一些评论者对有关人口增长危机的悲观声明持质疑态度。环保主义者过去的预测并不准确，在20世纪60年代，有人预测到2000年全球将出现粮食和水资源短缺。然而，自1970年以来，大多数人类健康数据看上去都变得令人更加乐观，包括全球婴儿死亡率下降、人类预期寿命增加以及人均收入上涨20%。按照大多数标准衡量，今天普通人的生活比50年前要好。联合国报告预测，即使考虑到人口规模的增加，人的预期寿命也会持续延长。

但联合国的其他预测却令人担忧，庞大的人口正在迅速达到增长的极限。2016年，约有7.95亿人被划分为“粮食不安全”人群，这意味着这些人无法定期获得足够的食物。每年有超过300万名5岁以下儿童的死亡与营养不良有关。迅速变化的气候影响着全球农业生产，这对未来人类的健康和生存构成了严重威胁。

那么真相是什么？人口规模是否超越了地球的承载能力？我们是否正在走向全球粮食危机和大规模饥荒？还是说，我们正在走向一个更美好的时代，到那时地球上所有人都将过着像北美普通人那样衣食无忧、健康长寿的富裕生活？

本章内容，将帮助你寻找以上问题的答案，带你跟随生态学家的脚步，共同见证指数增长的人口规模如何随时间发生变化，共同寻找人类种群已经接近地球承载能力的证据。

Q1 现在的人口增长速度过快了吗？

要思考“人口增长速度是否过快”这个问题，我们需要跳出某个时间段和某一个地区的限制，放眼漫长的人类历史。你会发现，在人类诞生以来的大部分时间里，人口数量一直处于非常低的水平。与历史上年均 0.1% 的人口增长速度相比，今天 1.1% 的年均人口增长速度是非常快的。

这样的增速是否会让人口超过地球的承载能力呢？

人口的指数增长

历史学家能够借助考古证据和书面记录来确定过去的人口规模。在人类历史上的大部分时间里，人口数量一直处于非常低的水平。在农业时代开始时，也就是大约 1 万年前，世界上大约有 500 万人口。7 000 年后的古埃及时期大约有 1 亿人口，公元 1 年基督教兴起时约有 2.5 亿人口。人口一直在增长，但增长速度非常缓慢，大约每年增长 0.1%。

从 1750 年左右开始，人口增长率跃升至每年 2% 左右。在 1800 年，人口数量达到 10 亿；到 1930 年翻了一番，达到 20 亿；到 1970 年又翻了一番，达到 40 亿。虽然目前的人口增长率较低，每年大约 1.1%，但如图 5-1 所示，人口数量的快速增长是十分显著的。

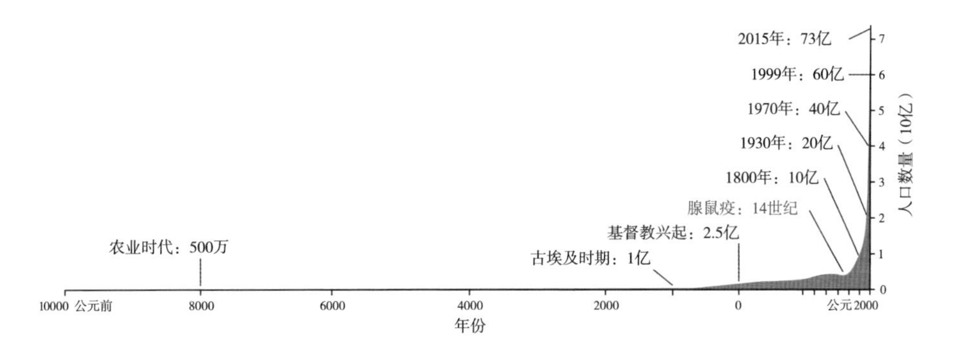

图 5-1　人口指数增长图

注：18 世纪之前，地球上的人口增长速度相对缓慢。18 世纪以后，人口的增长量与人口总量成正比，形成 J 形曲线。

人口指数增长图上的 J 形曲线是人口呈指数增长的一个显著例证，人口增长量与当前人口总量成正比。人口数量越多，人口增长越快，因为数量的增加取决于人口个体的繁殖。因此，尽管每年 1.1% 的人口增长率可能看起来很小，但如果世界人口以这种增长率继续增长的话，那么在现有 73 亿人口的基础上，每年将会增加约 8 030 万人，比美国加利福尼亚州、得克萨斯州和纽约州的总人口还多。换句话说，世界人口每秒约增加 3 人，每天增加约 22 万人。

是什么推动了人口的这种巨大增长？人口年增长率是指人口规模在一年内的百分比变化。增长率在数学上用 r 表示，是人口出生率（出生人数占总人口的百分比）减去人口死亡率（死亡人数占总人口的百分比）的函数。例如，在全部人口中，每年每 1 000 人中有 21 个婴儿出生，即人口出生率为 2.1%：

$$\frac{21}{1\,000}=0.021=2.1\% \qquad \text{（式 5–1）}$$

此外，每年每 1 000 人中有 10 人死亡，因此人口死亡率为 1%：

$$\frac{10}{1\,000}=0.01=1\% \qquad \text{（式 5–2）}$$

所以，现在的人口增长率为 1.1%：

$$人口增长率 = 出生率 - 死亡率 \quad （式 5\text{–}3）$$

$$1.1\% = 2.1\% - 1\%$$

与历史上年均 0.1% 的人口增长率相比，今天的年均人口增长率相对较高，这是由于出生率和死亡率之间的巨大差异造成的。

从人口规模翻倍增长所需的时间来看待指数增长，就会更容易理解。以每年 0.1% 的速度增长的话，人口翻一番需要 693 年；以每年 1.1% 的速度增长的话，则只需要大约 63 年（见图 5–2）。

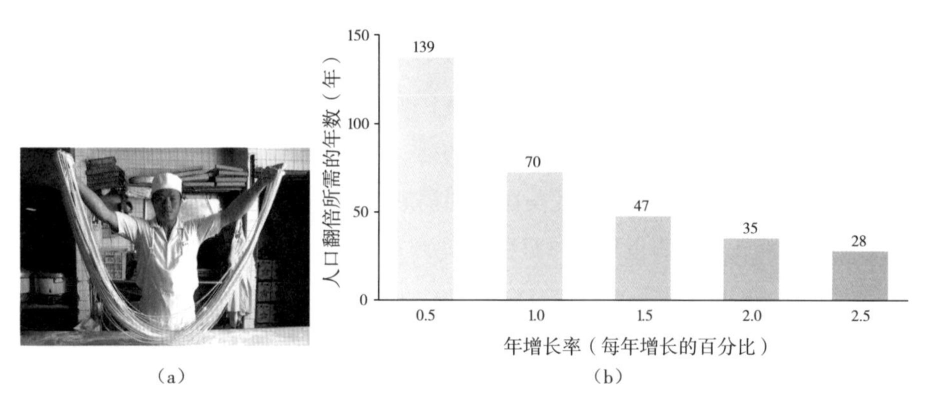

图 5-2　增长率和倍增时间

注：（a）拉面是通过反复对折和拉扯面团来制作的，每对折一次，面条的数量就会增加一倍。一根粗面条对折 12 次就可以做出 4 096 根细面条，这说明当一个量呈指数增长时，其增长速度极快。（b）人口翻倍所需的时间取决于其增长率。以每年 2% 的速度增长的人口，在 35 年内就可以翻一番，而以每年 1% 的速度增长的人口则需要 70 年的时间才能翻一番。

如果想更加深入地理解人口增长的真相，还要从生态学角度进行全面分析和解读。生态学是生物学的一个分支，它重点研究生物体之间以及生物体与环境之间的相互作用。我们可以在许多层面上对生物体与其生存环境之间的关系进行研究：从个体到同一物种的种群，再到相互作用的物种群体，最后到生物活动对大气等非生物环境的影响。

在生态学中，种群被定义为特定区域内一个物种的所有个体。种群表现出一种结构，包含个体之间的距离（即它们的分布情况）和它们的密度（即丰度）两方面内容。生态学家一直在试图解释种群中个体的分布情况和丰度，并挖掘导致种群繁衍成功或失败的因素。物种之间的相互作用构成了对分布情况和丰度的部分影响，但另一部分影响来自种群的内部动态，包括不同性别和年龄的个体的相对数量，以及在特定时期内个体出生或死亡的数量。

种群结构

种群生态学家的首要任务是对感兴趣的种群的规模进行估测。某些种群的规模可以通过直接计算得出，例如在美国进行的人口普查或者对森林区域内某一特定树种的所有个体进行的调查。

流动性比较强的或比较难以被察觉的物种种群的规模，可以利用标记重捕法来进行估测。利用这种方法，研究人员在指定区域内捕获许多个体，以涂上少量油漆等方式对它们做标记，然后将它们放回所在环境中。接下来，研究人员在同一区域内捕获另一组个体，并计算出先前做标记的个体在该组中的比例。利用这个比例来估计整个种群的规模。

举一个标记重捕法的例子，假设研究人员在一小片森林中捕获、标记并释放了 100 只甲虫。一周后，研究人员返回同一地点，并捕获了另一群甲虫。如果研究人员发现第二轮捕获的甲虫中有 10% 带有标记，那么她可以因此假设，最初捕获并标记的 100 只甲虫占整个种群的 10%。如果她假设有标记的甲虫在释放后与未标记的甲虫均匀混合，那么可以估算出甲虫的总数量接近 1 000 只。

种群结构的另一个基本方面是生态分布，即生物体在空间内的分布情况。许多物种呈集群分布，在某些资源丰富的地区个体密度较高，在其他地区个体密度较低。需要特定土壤条件的植物和依赖这些植物生存的动物往往会呈集群分布（见图 5-3a）。在全球范围内，人类呈现集群分布，在河流和海岸线等交通发达地区的人口密度较高。

虽然人类在全球范围内呈集群分布，但他们在局部范围内表现出更加均匀分布的特点，例如，小区里房屋之间的间距或教室中学生之间的间距，往往是基本相等的。均匀分布的物种通常有自己的领地，它们会保护自己的个人空间免受入侵者侵占。我们可以在鸟类繁殖地观察到某些鸟类存在强烈的领地意识（见图 5-3b）。

具有适应各种环境能力的非群居物种通常表现出随机分布的特点，其中没有强制性的因素将个体聚集在一起或将它们分开。那些由随风吹落的种子而萌发生长的植物幼苗通常是随机分布的（见图 5-3c）。

（a）集群分布

（b）均匀分布

（c）随机分布

图 5-3　种群生态分布的模式

注：种群中的个体可能是集群分布的（a），像这些香蒲只生长在含水量适当的土壤中；也可能是均匀分布的（b），像这些抢占领地筑巢的企鹅；或者是随机散布的（c），像这些森林中由风吹落的种子而萌发生长的幼苗。

一个种群的分布和丰度可以部分地反映该种群的状况。比如，人类种群的生态分布以及最近这种分布模式的变化，深刻地影响着自然环境。人口转型其实就是人类种群对其所处的社会环境做出的一系列反应，让我们一起看看人口转型是如何随时间变化的。

人口转型

人口通常表现出死亡率下降后出生率随之下降的趋势，这种调整的速度有助于确定未来的人口增长。在 18 世纪末和 19 世纪初的工业革命之前，大多数地区人口的出生率和死亡率都很高。女性会生育许多个孩子，但活到成年的孩子相对较少。在 18 世纪，工业化国家的婴儿死亡率（婴儿和儿童的死亡率）急剧下降，引发了人口的快速增长。特别是自这一时期以来，人们在治疗和预防传染病方面取得了进步，这极大地减少了死于这些疾病的儿童人数。

在工业化国家的人口死亡率下降后不久，人口出生率也随之下降，导致人口增长率再次降低。研究人口增长的科学家将人口变化向低死亡率、低出生率过渡的时期叫作人口转型（见图 5–4）。人口处于过渡时期的时间长短，对人口规模有着巨大的影响。迅速完成人口转型的国家在转型后人口规模仍然很小，而那些需要更长时间过渡的国家的人口规模可能会变得非常大。那些拥有发达的工业经济且个人收入高的发达国家几乎都已经完成了人口转型，因此这些国家的人口增长率较低。

然而，由于那些处于工业发展初期且个人收入较低的欠发达国家仍处于人口转型阶段，因此全球人口增长率一直居高不下。此外，近些年的一些举措显著地降低了婴儿死亡率，这些举措包括：使用杀虫剂来降低蚊子传播疟疾的发病率，针对霍乱、白喉和其他致命疾病实施免疫计划，以及广泛使用抗生素。目前，欠发达国家的人口死亡率持续下降，但人口出生率仍处于历史新高水平，这些国家的人口增长率持续飙升。

未来绝大部分的人口增长将发生在欠发达国家，但这些国家也是绝大多数存在粮食危机的地方。这些国家的人口数量是否已经大到无法养活自己？在回答这个问题之前，我们需要了解限制人口增长的因素。

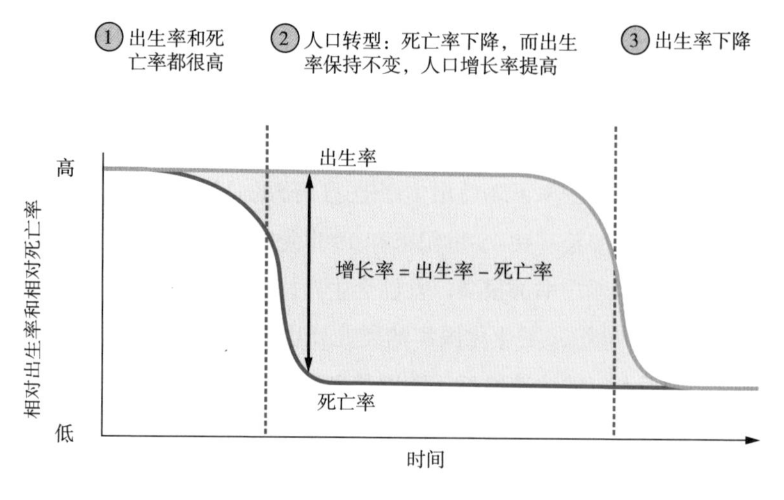

图 5-4 人口转型

注：人口卫生和医疗保健条件的改善使得婴儿死亡率降低，因此死亡率随之下降。由于出生率居高不下，人口增长率仍在飙升。最终，这些人群通过减少生育孩子的数量来应对这一趋势。

Q2 人口快速增长带来的后果是什么？

在对非人类物种的研究中，生态学家认识到种群规模有着显而易见的限制，同时还观察到，逾越这些限制的种群个体有时会遭遇可怕的命运。因此，许多生态学专家也对快速增长的人口极为担忧。

你可能听说过一些非人类种群过多，导致食物供应无法得到满足的例子。美国黄石国家公园的麋鹿种群在 20 世纪 90 年代遭遇了大批量的冬季死亡。此前，其数量发展得过于庞大，直接致使其生存的牧场退化。挪威旅鼠的大规模迁徙每 5 ～ 7 年发生一次，由于种群拥挤，导致许多旅鼠死亡。尽管这些动物不会像人们通常认为的那样集体自杀，但随着种群数量的增加，一个地区的优质食物逐渐缺失，旅鼠被迫分散开，并且经常在此过程中丧生。人们常喝的酿造啤酒中的酵母也会大量繁殖，最终耗尽它们的食物来源，并因此在发酵过程中死亡。

让我们从生态学角度探索一下，人类是否可能遭遇与麋鹿、旅鼠和酵母相同的命运。实际上，许多生态学专家对快速增长的人口极为担忧。

承载能力和逻辑斯谛增长

美国黄石国家公园的麋鹿和挪威旅鼠的例子说明了一个基本的生物学原理：尽管种群具有指数级增长的能力，但实际上，种群的增长受到个体生存和繁殖所需资源的限制，比如食物、水、住所和空间等。在指定环境中可以无限期供养的最大种群规模，被称为环境的承载能力。

在资源有限的种群中，其种群规模随时间变化的简图呈S形曲线（见图5–5）。该模型显示，当种群规模接近环境的承载能力（数学上表示为K）时，其增长率下降到零。换句话说，出生率和死亡率趋于相等，此时种群稳定在其最大规模上。在生态学家首次预测出这种被称为“逻辑斯谛增长”的增长模式后不久，实验室研究表明，像面粉甲虫、水蚤和单细胞原生生物等多种多样的生物种群，都适用于这一预测的增长曲线。

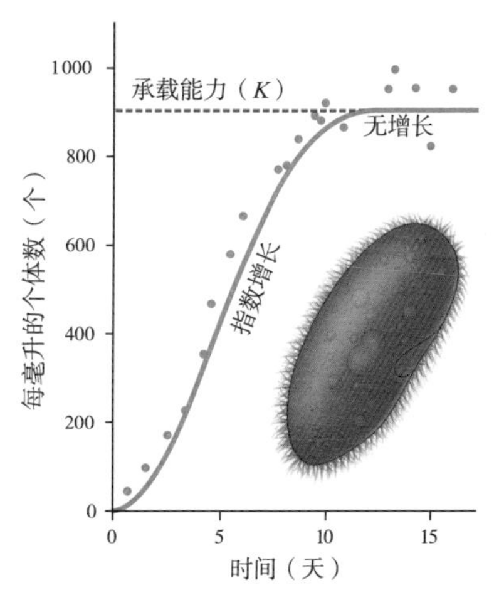

图5–5 逻辑斯谛增长曲线

注：该图说明了实验室培养环境中草履虫（一种单细胞原生生物）种群规模随时间的变化情况。增长曲线呈S形，这是因为当种群规模不断接近环境承载能力时，其增长率逐渐降低。

当种群规模达到承载能力时增长率下降，这是由密度制约因素引起的，这些因素是限制种群的因素，种群规模越大，这些因素的影响强度就越大。密度制约因素包括有限的食物供应、增大的传染病风险以及增高的有毒废物水平。密度制约因素会导致出生率下降或死亡率上升。对于在实验室培养瓶中生长的果蝇等生物体而言，随着食物供应的减少和废物的积累，密集种群会导致果蝇死亡率的增大。生活在拥挤的水族馆中的水蚤没有足够的食物来支持产卵，出生率就会下降。与生活在不太拥挤的环境中的鹿相比，那些生活在拥挤的自然栖息地的雌性白尾鹿种群，很难拥有保障怀孕至足月所需的能量储备。一些人类种群也经历了密度制约性死亡，包括 14 世纪在拥挤的欧洲城市中传播的传染性黑死病（腺鼠疫），导致距今最近的一次人口大幅下降（见图 5-1）。

非密度制约因素与密度制约因素形成了鲜明的对照。像严重干旱或气温升高这样的非密度制约因素会影响种群的增长率，无论种群的密度如何，严重干旱会导致植物种群的死亡率升高，气温升高会使得昆虫种群的出生率提高。气候变化的一个影响可能是，随着地球变暖、气候变干、风暴加剧，会出现更多非密度制约因素。然而，非密度制约因素并不是凭空出现的，它们可能会对种群产生或多或少的严重影响，这取决于种群规模。例如，像异常寒冷的冬天这样的非密度制约因素，对白足鼠种群中的个体来说可能是致命的，但其生存的可能性也取决于个体为过冬储存了多少食物。而每只动物储存的食物量，取决于秋季时争夺那些食物的白足鼠的密度。

密度制约因素是否已经开始导致人口增长率降低？换句话说，地球对人口的承载能力是否已接近极限？如果是这样，人口死亡率会不会随着食物资源的减少以及越来越多的人挨饿而升高？会不会因为越来越少的女性有足够的食物来供养自己和正在发育的婴儿而导致人口出生率下降？

地球对人类的承载能力

检验地球对人口的承载能力是否接近极限的一种方法是，人口增长率是否在下降以及下降速度有多快。正如我们在图 5-6 中所看到的那样，随着人口规模接近地球承载能力，人口增长率逐渐下降，人口规模随时间的变化呈现出 S 形曲线。

在 20 世纪 60 年代初期，人口增长率达到最高，为每年 2.1%，但此后下降至目前的 1.1%。这种稳步下降表明，虽然目前人口数量仍在增长，但已接近一个稳定值。由于未来人口增长率存在不确定性，联合国对这一数字以及对多久才能实现人口稳定做出了不同的估计（见图 5-6）。然而，因为人类有着独有的特征，因此我们很难确切地知道地球对人类的承载能力具体意味着多大的人口规模。

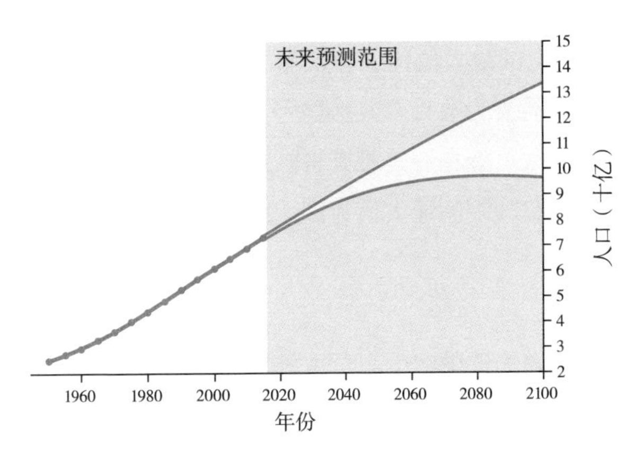

图 5-6　预计的人口增长

注：基于一些不确定因素，联合国报告预测了到 2100 年可能出现的人口规模范围。

人口未接近承载能力的迹象。实验室中果蝇和水蚤的种群增长率，将随着这些种群接近环境承载能力而降低，因为它们的种群增长率的下降会受到密度制约因素的影响，诸如缺乏资源从而导致死亡率增加或出生率下降。然而，目前人类种群中的情况并非如此。即使人口迅速增加，但死亡率仍在继续下降，这表明人们并没有耗尽资源。相反，人口增长率正在下降，因为出生率下降的速度比死亡率下降得更快。与雌性水蚤和雌性白尾鹿在接近环境承载能力时无法生育后代不同，人类种群的出生率正在下降，是因为女性，尤其是那些享有足够资源和教育机会的女性，倾向于选择生育更少的后代。

确定人口是否接近地球承载能力的另一种方法是，估算人类现在使用的地球资源所占的比例。地球上可用的食物总能量被称为净初级生产力（Net primary productivity，NPP），它是衡量植物生长的指标，通常观察的时间段是一年。

通过对全球范围内的农业、林业、畜牧业进行不同的分析，可以估算出人类大约使用了地球上 1/4 ～ 1/3 的净初级生产力。如果我们认同这些粗略的估算，就可以粗略地估计地球的承载能力是目前人口的 3 ～ 4 倍，也就是至少 210 亿人。这个理论上的最大值代表着地球上所有光合作用的产物可以承载的人类总数，此处忽略需要为数百万其他物种留下的资源。鉴于人类对自然系统的依赖，人类物种不太可能在一个没有自然系统存在的星球上生存。然而，即使是联合国对未来人口预测的最大值，即 125 亿人，也远远低于这个理论上的最大值。

人口接近承载能力的迹象。生态学家警告称，人口所需的资源不仅仅包括食物，因此从净初级生产力估计值推导出的承载能力可能过高。人类还需要洁净的水、清洁的空气和能源来达成生活中的其他需求，例如取暖、制作和保存食品。

人口规模与这些资源供应之间的关系，并不像人口与食物之间的关系那么简单。例如，每增加一个人，就需要增加等量的洁净的水，但每增加一个人，也会带来一定量的污染。我们不能简单地将当前的清洁水供应量除以 125 亿人来确定未来是否有充足的洁净水供应，因为人口增加会导致污染增加，进而导致洁净水的总量减少。

此外，维持当前人口数量的许多必需品是不可再生资源，这意味着它们的使用寿命只有一次，而且不能轻易被替代。最典型的不可再生资源是化石燃料，即古代生物的遗骸经过高温和高压转化成了煤、石油和天然气。

化石燃料和其他不可再生资源的使用量不仅取决于人口数量，还取决于人类的生活方式，而人类的生活方式在全球范围内差异很大。例如，美国人口仅占地球总人口的 5%，却消耗了全球 24% 的能源。美国人平均使用的资源量相当于 2 个日本人或西班牙人、3 个意大利人、6 个墨西哥人、13 个中国人、31 个印度人、128 个孟加拉国人、307 个坦桑尼亚人或 370 个埃塞俄比亚人使用的资源量。

美国人每天还需消耗总共 8 150 亿卡路里的食物，大约比身体所需热量多出 2 000 亿卡路里，或者说这些食物足以再多供养 8 000 万人。许多现代食品的生产依赖于化石燃料提供的能源。当这些燃料开始耗尽时，我们可能会发现，我们需要比现在多得多的净初级生产力，才能维持充足的粮食生产量。换句话说，地球的实际承载能力可能远低于我们的粗略估计。

本节开头提出的问题仍未得到解答，关于地球对人类的承载能力，科学家们还没有得出一致的结论。鉴于这种不确定性，生态学家们能否告诉我们，大规模、快速的人口增长可能导致人类面临怎样的风险？

Q3 我们该如何消除人口快速增长带来的风险？

为了避免地球过载，人类就需要想想办法。好在与几乎所有其他物种不同的是，人类种群并不是简单地受环境条件的支配。人类具有改造自然世界的能力，凭借这种能力，人类可以在面临环境和经济灾难之前管理好人口增长的速率。

孟加拉国已经出台了降低人口增长率的公共政策，比如他们的格莱珉银行提供了小额贷款，贷款者中女性占 97%，贷款成功的女性的家庭规模通常不大，只有很少的孩子。小额贷款的目的就是帮助人们摆脱贫困，改善女性的生活条件，包括增加获得教育、医疗保健服务和进入就业市场的机会，并为女性提供能够调节生育率的信息和工具。

类似的公共政策全世界很多国家都在实施，但也有很多人质疑，人口增速过快真的有很大风险吗？

可能导致种群消退

对不可再生资源的无限使用可能带来的风险是，人口规模将超过未知的承载能力。生态学家早就知道，当种群增长率很高时，即使资源减少，新成员也将继续增加，这将导致种群增长超过环境承载能力。而如此庞大的种群中，成员争夺的资源太少，这将造成死亡率飙升和出生率直线下降，进而导致种群消退，成员数量急剧下降（见图 5–7）。

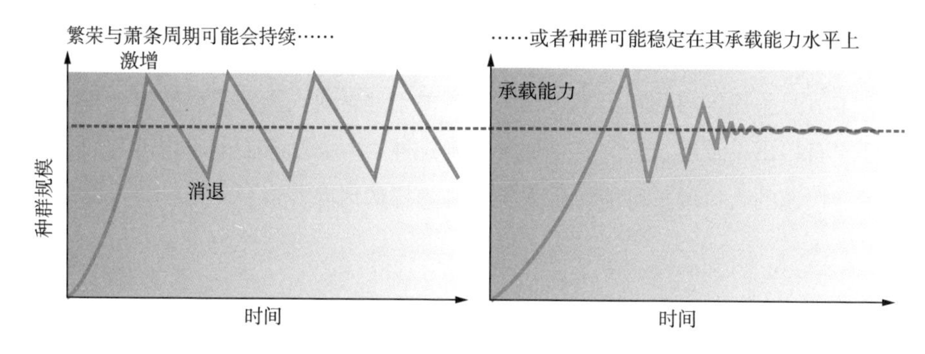

图 5-7　种群快速增长和种群消退

注：这两幅图说明了种群快速增长之后的种群消退情况。随着时间的推移，种群可能会一直处在“繁荣与萧条”的周期中，或者可能稳定在承载能力水平上。

例如，在某些水蚤物种中，即使在食物供应不足的情况下，健康的后代在几天之内仍会继续出生。这种情况之所以出现，是因为雌性水蚤可以利用其储存的脂肪来生产更多的后代。即使没有食物供给，种群规模仍在继续增大。然而，当新出生的水蚤耗尽了它们从母体那里获取的脂肪时，大多数个体就会死亡。对于许多出生率高的物种来说，快速增长和紧随其后的急剧消退会形成一个种群周期，即种群在数量上反复经历“繁荣”和“萧条”的周期。

从生物种群接近承载能力到其实际上对环境限制做出反应，这之间若存在时间差，生物种群则更有可能逾越环境承载能力。研究人口的科学家注意到，在人类着手降低出生率与人口增长实际开始放缓之间存在时间差，他们称这一时间差为人口增长势头。之所以出现这种势头，是因为虽然父母可能会缩减家庭规模，但他们的子女在父母去世前仍会继续生育后代，这可能导致人口继续增长。

我们可以通过查看人口金字塔来估测人口增长势头，这是对每一性别和每一年龄组的个体数量和比例的总结。如图 5-8 所示，当年轻人数量占很大比例，年龄结构分布呈现出类似真正的金字塔形状时，就有可能出现高水平的人口增长势头。随着这一大群年轻人年龄的增长，他们有可能成为父母，并有能力促使人口膨胀。在更稳定的人群中，年轻人的比例并未明显大于中年人的比例，因此这个人口金字塔看起来更像一个上下一样粗的圆柱。“有可能成为父母”的人数与现有父母的人数相同，人口保持稳定。

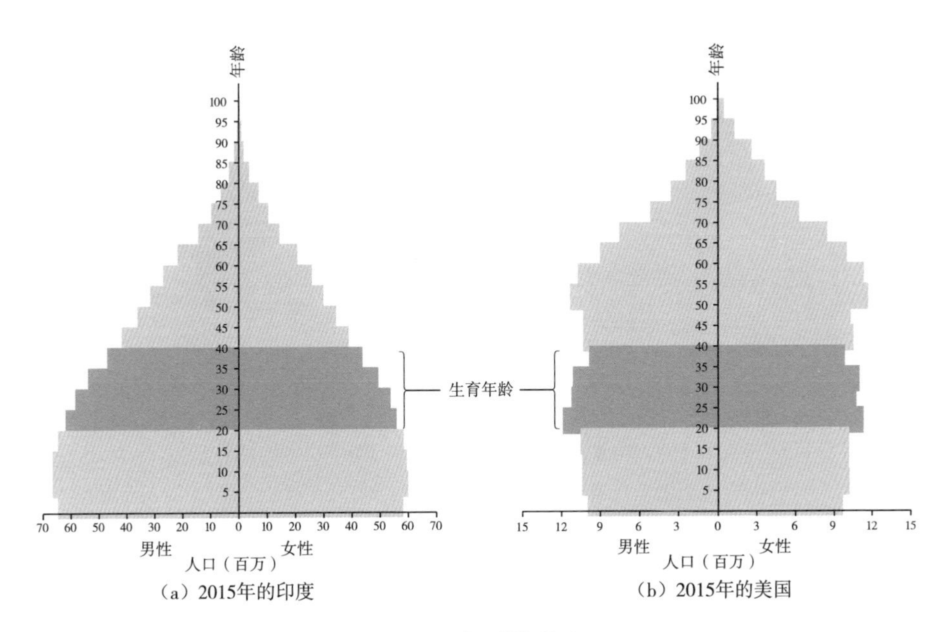

（a）2015年的印度

（b）2015年的美国

图 5-8 人口增长势头

注：（a）在像 2015 年的印度这样快速增长的人口中，大部分人口都是年轻人，随着这些年轻人达到生育年龄后，人口将继续增长。（b）在像 2015 年的美国那样缓慢增长或稳定的人口中，年龄分布更均匀。

我们对储存资源的依赖情况和潜在的人口增长势头是否会超出地球的承载能力，并导致严重的人口消退，仍然有待进一步观察。但人类生态学家已经知道哪些因素有助于减缓人口增长。如果我们根据这些知识采取行动，人口消退的可能性就会降低。

避免灾难

如前所述，当人口死亡率下降时，出生率最终也会随之下降。与已知的任何其他物种不同，人类会自愿限制其生育的婴儿数量。也就是说，当人们除了抚养孩子还面临更多机会时，大多数女性会选择推迟生育并减少生育孩子的数量。事实上，在个人收入高且较多女性能够接受教育的国家，出生率是较低的（见图 5–9）。

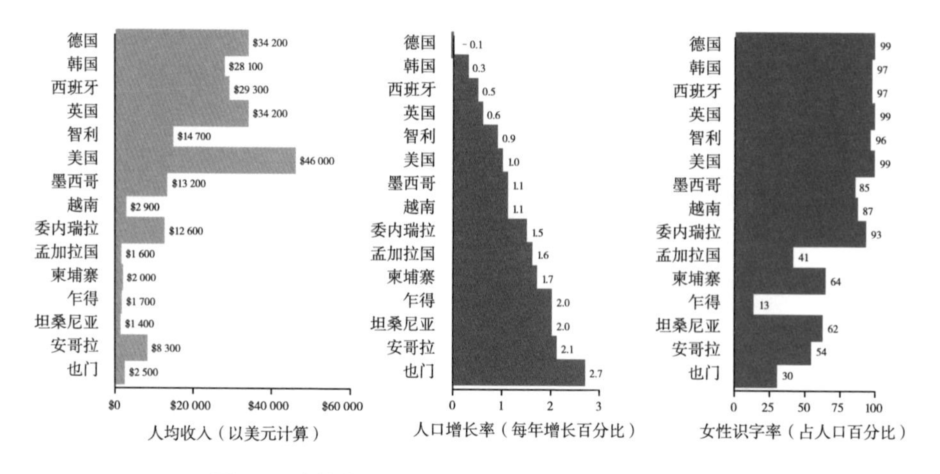

图 5-9　人均收入、人口增长率和女性识字率之间的关系

注：在大多数国家中，较高的人均收入和女性识字率与人口出生率下降紧密相关，进而导致人口增长率下降。

环境给人口造成了许多限制。在人口达到环境的极限之前降低人口增长率对人类还有其他好处。如果我们只用食物和水是否充足的函数来估测地球对人类的承载能力，其实是忽略了人类的生活质量问题，也就是一些科学家所说的文化承载能力。若地球只是扮演着为人类提供食物的角色，那么我们便没有机会去领略那些山野的风光，也无法通过研究其他物种来培养我们的好奇心和探索意识。随着人口增长越来越接近极限，人类的大部分创造力将用于生存，人们会逐渐丧失创作和欣赏音乐、艺术和文学作品的能力。

限制人口增长也为非人类物种保留了生存空间。人类活动对地球上的生物多样性构成了直接威胁，这种威胁的严重性与地球人口规模和富裕程度成正比。

我们了解到，科学家们无法准确地告诉我们地球可以承载多少人口，其部分原因是人类通常会做出不可预测的选择，另一部分原因则是人类有能力创造和调整看似无法动摇的生态极限。归根结底，地球能够承载多少人口，以何种生活质量承载人类，同时确保承载非人类物种，这不仅是科学问题，也是关乎人类价值观的问题。

要点回顾

BIOLOGY : SCIENCE FOR LIFE >>>

- 人类种群的生态分布以及最近这种分布模式的变化，深刻地影响着自然环境。
- 密度制约因素取决于种群规模，而无论种群规模如何，非密度制约因素会影响出生率或死亡率。密度制约因素包括饥饿和疾病，非密度制约因素包括气候。
- 科学家们无法准确地告诉我们地球可以承载多少人口，其部分原因是人类通常会做出不可预测的选择，另一部分原因则是人类有能力创新和调整看似无法动摇的生物极限。

06

人类能为保护生物多样性做些什么？

妙趣横生的生物学课堂

- 人类应该为物种灭绝负多大责任？
- 物种灭绝将如何影响人类？
- 人类如何做才能扭转物种大灭绝的趋势？

BIOLOGY：SCIENCE FOR LIFE >>>

一只被称为“月亮鸟”的雄性红腹滨鹬可能是野生鸟类中最出名的一只了。1995 年初，阿根廷的研究人员给它系上了腿带做标记。2014 年 5 月，月亮鸟在美国特拉华州最后一次被发现时，研究人员了解到，在过去的 19 年里，它每年都在北极和阿根廷之间迁徙，飞行距离超过 64 万公里。正如它的名字一样，这只小鸟仿佛飞到了月球，又从月球飞了回来！月亮鸟生存的故事激发了很多人的创作灵感，它的故事被写成了书，并被新闻媒体无数次报道，人们甚至在美国米斯皮里恩港（Mispillion Harbor）为它建造了一座纪念雕像。

月亮鸟除了耐力超群之外，其生存能力也非常出色。1995 年，当月亮鸟被系上腿带的时候，其亚种数量约有 15 万只。到 2013 年，红腹滨鹬种群仅有约 3 万只鸟。早在 2007 年，科学家们曾预测，到 2013 年该鸟类将完全灭绝。但这种情况并没有发生，不过如今该鸟类的种群数量却只有以前的一小部分。

红腹滨鹬数量的急剧减少导致其在 2013 年被列入濒危物种名单。随着红腹滨鹬数量的减少，人类的一些活动也受到限制，特别是美国大西洋各州海洋渔业委员会（Atlantic States Marine Fisheries Commission）限制人们捕捞鲎（俗称马蹄蟹），因为鲎的卵是红腹滨鹬迁徙途中的主要食物来源。美国新泽西州的要求更为严格，他们彻底禁止捕捞鲎。这些规定似乎产生了一些效果，特拉华湾的鲎种群在过去几年中开始大幅度扩大，而红腹滨鹬种群数量虽然仍然很少，但似乎稳定下来了。

禁止捕捞鲎并非不需要付出代价。鲎是一种有商业价值的物种，而禁捕让相关捕捞者失去了主要的收入来源。这一切都是源于人们对红腹滨鹬的担忧。

一个或几个物种的生存应该优先于人类的需求吗？生物学家认为，用“鸟类对人类”的概念来表述这一论点其实是错误的。恰恰相反，他们认为保护濒危物种不代表让鸟类与人类对立，而是应该保护鸟类以及它们赖以生存的食物来源鲎，以确保鸟类以及鲎与人类的共存。在本章中，我们将探讨生物多样性丧失的原因以及给人类带来的影响。

本章内容，我们将从对食物网和生态系统的定义理解出发，探讨生物多样性丧失的原因以及给人类带来的影响，从而制定那些有助于减少未来物种灭绝数量的策略。

Q1 人类应该为物种灭绝负多大责任？

在 18 世纪，海獭几乎要被毛皮贸易商捕杀至灭绝。由于民众担心生物多样性不能得以持续，1973 年美国通过了《濒危物种法案》，旨在保护和鼓励受威胁及濒危物种种群的增长。在该法案的保护下，海獭的种群数量得以部分恢复，但今天它们仍然受到人类活动的威胁。

《濒危物种法案》的通过正是对人类面对的前所未有的物种快速消失的有力回应。一旦一个物种被正式列为濒危或受威胁物种，该物种生存和恢复所必需的土地也会随之被确定为“关键生境”。因此，拥有或运输这些物种，以及破坏其关键生境都是违法行为。最近的一项调查表明，自 1972 年以来，在《濒危物种法案》的保护下，将近 100 个物种从灭绝边缘得以恢复其种群数量。

但《濒危物种法案》的批评者认为，拯救所有物种免于灭绝的目标是不现实的。他们认为，灭绝是一个自然过程，现今大约有 1 000 万个物种存在，还不到曾经存在过的物种总量的 1%。那么，如今的物种灭绝速率与过去的物种灭绝速率相比究竟如何？《濒危物种法案》只是在试图延缓不可避免的自然灭绝过程吗？人类究竟应该为物种灭绝负多大责任呢？

测量物种灭绝速率

《濒危物种法案》的批评者认为，目前的物种灭绝速率是正常的和必然的，并不是人类活动的结果。如果这个想法是正确的，那么如今的物种灭绝速率应该大致等同于人类进化之前的物种灭绝速率。

海洋生物拥有最长的连续化石记录，图 6–1 说明了海洋生物多样性随时间发生的变化。科学家通过这些化石记录，能够了解有关生物多样性的历史。从大约5.8亿年前各种各样的动物群体快速进化以来，生物的科的数量普遍增加。然而，这种生物多样性的增加并不是平稳的或稳定的。

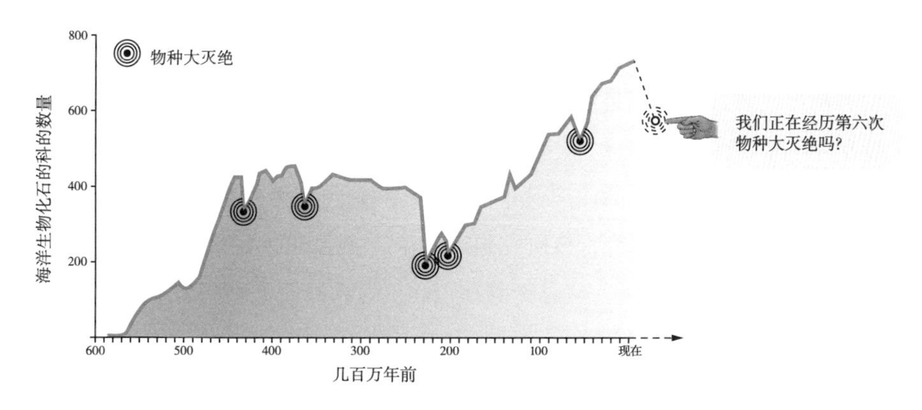

图 6–1　海洋生物化石的科的数量变化情况

注：该图反映了地球生命的历史，它描绘了海洋生物化石的科的数量随时间演进发生的变化。在过去的 6 亿年里，科的数量一直在增加。然而，在物种数量增加的同时，还出现了五次物种大灭绝事件（见图中黑色圆圈的标记），每次物种大灭绝都导致了全球生物多样性的减少。

生命的历史曾被五次物种大灭绝所中止，全球范围内的物种灭绝对大量物种造成了巨大影响。过去的物种大灭绝可能是由大规模的全球变化引起的，例如，气候波动导致海平面高度改变，大陆漂移导致海洋和陆地形态改变，以及小行星撞击造成的大规模破坏和气候变化。许多科学家称，现在我们正在经历第六次物种大灭绝，这次是由人类活动引起的。

想要确定当前的物种灭绝速率是否过高，我们需要先了解背景灭绝速率，即物种在正常进化过程中消亡的速度。当一个物种缺乏适应环境变化的可变性，或当一个新物种由于其祖先物种的进化而出现时，就会发生正常的物种灭绝。通过化石记录，我们可以找到关于物种不断更替过程所导致的背景灭绝速率的线索。

我们在岩石里发现了某一物种化石，该岩石的年代跨度代表了该物种的生命跨度。利用这些数据，生物学家已经确定，海洋物种的平均消亡时间约为 100 万年。因此，为了保持目前的生物多样性水平，我们预计背景灭绝速率约为每年每百万个物种里灭绝一个物种（0.000 1%）。最近对哺乳动物化石记录中物种灭绝速率的分析表明，该速率与我们所预计的相近，为 0.000 2%。

当前的物种灭绝速率是根据已知物种的消亡情况计算得出的。有记载的最完整的物种灭绝记录发生在非常常见的生物群体中，例如脊椎动物，包括鱼类、爬行动物、哺乳动物和鸟类等。2015 年，来自美国和墨西哥各机构的科学家们合作进行了一项研究，该研究确定，在目前已知的 45 000 种脊椎动物中有 477 种在 20 世纪灭绝了，这意味着在 100 年内物种灭绝率约为 1%。按照上述哺乳动物的背景灭绝速率，我们可以设想，在过去的一个世纪里应该仅发生了 9 次脊椎动物的“自然”灭绝，但实际数量要高出 50 多倍！联合国为评估生态系统变化对人类福祉的影响而进行了一项为期 5 年的研究，即“千年生态系统评估”。该研究将这些计算结果推算到其他记录较少的群体中，估算出每年灭绝的物种多达 8 700 种，这相当于每 1 小时就有 1 个物种灭绝。

我们有理由认为，目前物种灭绝速率的提升将持续下去。世界自然保护联盟（简称 IUCN）是一个权威的全球组织，由来自 140 多个国家（或地区）的政府机构和非政府组织构成，并由它们提供资金支持，主要负责收集和协调有关威胁生物多样性的数据。根据世界自然保护联盟对种群的最新分析，有 42% 的两栖动物、26% 的哺乳动物、13% 的鸟类和 40% 的针叶树面临着灭绝的危险。关于其他分类群体的研究较少，因此我们暂时无法获得所有群体濒临灭绝的总估计值，但整体情况并不乐观。世界自然保护联盟已经确定了 23 000 多种已知的濒临灭绝物种。

物种灭绝的原因

世界自然保护联盟试图确定使特定物种濒临灭绝的所有威胁。对于大多数濒危物种来说，一些特定的人类活动是罪魁祸首。最严重的威胁有四大类：生境的丧失或退化、外来物种的引入、物种的过度开发和环境污染。在这些类别中，第一类别构成了最严重的威胁。世界自然保护联盟估计，83% 的濒危哺乳动物、89% 的濒危鸟类和 91% 的濒危植物受到物种生境破坏的直接威胁，生境是它们获得食物、水的地方，也是它们的栖息之处和生存空间。

第一，生境破坏和生境破碎化。生境破坏是全球物种面临的主要风险。整个 20 世纪，随着全球人口从 1900 年的不到 20 亿增加到今天的 70 多亿，农业、工业和房地产业的住宅开发对全球造成的生境破坏速度在加快。随着自然景观数量的减少，这些生境所能承载的物种数量也减少了。

自然区域的面积大小与其可以承载的物种数量之间的关系，遵循着一种被称为“物种－面积曲线”的普遍模式。西印度群岛上爬行动物和两栖动物的物种－面积曲线如图 6–2a 所示。在对不同生境的不同生物群体进行的研究中，也生成了类似的曲线图。所有这些曲线图的普遍模式是，一个区域内的物种数量随着区域面积的增加而迅速增加；但当区域面积变得非常大时，物种数量的增加速度减慢。该经验法则如图 6–2b 所示。利用这条曲线，我们可以估算那些被人类活动迅速改变却难以进行广泛调查的地区的物种灭绝速率。例如，从图 6-2b 中，我们可以估算，景观面积减少 90% 将使剩余区域的物种数量减少 50%。

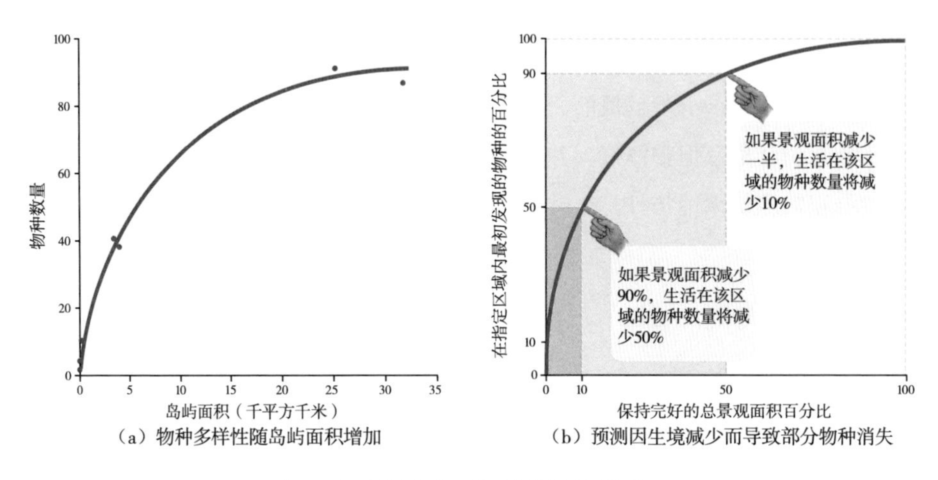

（a）物种多样性随岛屿面积增加　　（b）预测因生境减少而导致部分物种消失

图 6-2　预测因生境破坏而导致物种灭绝

注：（a）这条曲线展示了西印度群岛中一个岛屿的面积与生活在那里的爬行动物和两栖动物物种数量之间的关系。（b）我们通过一条物种 - 面积曲线来粗略预测出因生境面积减少而导致一个区域的物种灭绝数量。

科学家利用卫星图像估算，自 1970 年以来，巴西亚马孙雨林约有 20% 的面积已经消失：根据物种 - 面积曲线，这意味着已知物种减少了约 5%。这相当于在过去的半个世纪里，大约有 10 种哺乳动物、20 种两栖动物、65 种鸟类和 2 000 种植物从亚马孙雨林生态系统中消失了。

当然，生境遭到破坏的并不仅限于热带雨林，淡水湖泊、溪流、草原和温带森林也正在经历着剧烈的变化。许多红腹滨鹬中途停留的海滩受到人类开发的影响，这加大了该物种所面临的威胁。世界自然保护联盟称，如果世界各地的生境破坏以目前的速度继续下去，在未来 50 年内，近 1/4 的生物物种将会消失。

一些批评者认为，这些对未来物种灭绝数量的估算有些过高，因为并非所有物种群体都像图 6–2b 中的曲线所示，对生境面积的变化十分敏感。许多物种可能在人类改造后的景观中仍然能够生存，甚至茁壮生长。其他生物学家则认为，物种还面临更多的威胁，包括生境破碎化，因此物种灭绝速率可能比估算的还要快。

生境破坏很少会导致生境类型的完全消失。人类活动的结果通常是造成生境破碎化，导致大片完整的自然生境被细分为空间上相对隔离的小生境。生境破碎化对大型食肉动物（如灰熊和老虎）的威胁尤为严重，因为它们更需要大面积的捕猎区域。

这是根据生物系统的基本法则：大型食肉动物需要大面积完整的捕猎区域，能量在生态系统中沿食物链单向流动，通常从太阳到生产者，即进行光合作用的生物体，然后到以它们为食的初级消费者，再到次级消费者，即以初级消费者为食的掠食者等。在此过程中，在一个营养级[①]（即食物链的某个层级）所摄入的大部分热量只是为了支持个体在该营养级的活动。换句话说，个体吸收的大量能量以热量的形式消散。因此，食物链的每一营养级所能提供的能量都要比下一较低营养级少得多。[②] 我们通过日常生活就能观察到这一点：一个普通成年人平均每天需要消耗 1 600 ～ 2 400 千卡热量才能维持目前的体重。

沿着食物链的能量流动构筑了营养金字塔。营养金字塔说明了食物链不同层级种群的生物量（总重量）之间的关系，越靠近营养金字塔底部，生物量越大。生境破坏和生境破碎化导致营养金字塔较低层级种群的生物量减少，进而削减顶级掠食者生存所需的能量。

---

① 营养级是指处于食物链某一环节上的所有生物种群的总和。生产者属于第一营养级，植食动物属于第二营养级，第三营养级包括所有以植食动物为食的肉食动物。

——译者注

② 营养层级越低，占有的能量就越多；反之，营养层级越高，占有的能量就越少。所以能量金字塔塔基体积最大，越往上体积越小。

——译者注

生境破碎化也使需要移动的物种面临更多威胁。例如，美国佛罗里达州的美洲豹这个极小的群体大约有 150 只，它们的生存就受到极高的直接死亡率的威胁。2015 年，佛罗里达州记录的 37 只美洲豹死亡事件中，大多数美洲豹（26 只）是在从一个空间上相对隔离的小生境迁移到另一个小生境时被汽车撞死的。

即使是那些能够在空间上相对隔离的小生境中生存的物种，也非常容易因隔离而灭绝。生境破碎化往往使个体无法适应食物来源、可用筑巢或生长地点的变化。被隔离的种群也容易因近亲繁殖而缺乏遗传多样性，这一点我们将在本章后面的内容中进行详细讨论。

虽然生境破坏和生境破碎化是濒危物种所面临的最严重威胁，但其他威胁也并非无足轻重。根据世界自然保护联盟的说法，在 40% 的濒危物种案例中，与生境改造无关的活动同样起到了加剧作用。

第二，物种引入。物种濒临灭绝的另一个主要原因是非本地物种的引入。引入的物种包括因人类活动偶然或有意带入新环境的生物体。引入的物种通常会对本地物种造成威胁，因为它们没有与本地物种共同进化。

当成对或成群的物种通过自然选择相互适应时，就会发生共同进化。例如，在夏威夷和新西兰等岛屿上，许多鸟类都是在没有地面捕食者的环境中进化的，因此它们并没有进化出逃避或对抗这些捕食者的行为或其他策略，所以，引入的食肉动物会通过捕猎迅速将它们消灭。在夏威夷，太平洋黑鼠是从来访船只的货舱中偶然引入的，为了生存下来，它们变得非常擅长掠夺鸟巢中的鸟蛋，导致数十种蜜旋木雀物种灭绝，而这些鸟类恰恰是地球上其他地方都找不到的物种。有些人即使只是为了控制房屋周围的啮齿动物而故意引入家猫，也会对野生动物造成巨大的损害。史密森尼保护生物学研究所（Smithsonian Conservation Biology Institute）最近的一项研究估计，在美国大陆上，自由出入的家猫每年会杀死 14 亿～ 37 亿只鸟。

引入的物种也可能与本地物种争夺资源，导致本地物种的种群数量下降。例如，斑马纹贻贝通过欧洲贸易船只的压舱水偶然引入了五大湖，它们排挤了本地的贻贝物种以及过滤水中藻类的其他生物；而作为观赏植物的白蔷薇从欧洲引入美国，占据了美国东北部的开阔景观，从而损害了许多本地物种。

人类活动仍将导致全球范围内的物种迁移。随着全球农业和其他商品贸易的不断扩大，21 世纪物种引入数量可能会持续增加。

第三，物种的过度开发。当人类对一个物种的使用速度超过其繁殖速度时，该物种就会被过度开发。当某些生物被人类高度关注时，如被视作外来宠物或被认为具有药用价值时，就可能发生过度开发。

除了具有作为诱饵的价值外，鲎还具有惊人的药用价值，这导致在限制措施实施之前它们就已经被过度开发了。鲎的天蓝色血液中含有一种酶，可以对某些致病细菌产生反应，在微生物周围形成凝块。生物医学公司采集鲎的血液，并用它来检测医疗设备和疫苗中是否存在细菌。尽管鲎在部分血液被采集后会被放回海洋，但仍有多达 50% 的鲎在该过程中无法存活下来。

当动物直接与人类竞争时，也可能遭遇过度开发。以灰狼为例，在美国，由于猎人决心保护自家的牲畜，灰狼几近灭绝。在迁徙过程中跨越国界的红腹滨鹬和其他物种也容易受到过度开发的影响，因为没有任何一个政府对可捕获的物种的总量进行监管。对于生活在海洋中的鲨等物种来说，情况也是如此。19 世纪，几种鲸的物种濒临灭绝，这是由于许多国家无管制捕捞这些动物的措施所造成的。而今各国之间未能就捕捞限制达成共识，许多鲸仍然面临威胁，鳕鱼、鲈鱼和金枪鱼的种群同样面临着这样的风险。

第四，污染。将有毒物质、过量的营养物质和其他废物排放到环境中的做法被称为污染，这对生物多样性构成了额外的威胁。例如，在美国的农业区，除草剂阿特拉津会毒害青蛙和蝾螈，过度使用化肥、汽车和烟囱排气造成的氮污染已经导致欧洲原生草原某些植物物种的急剧减少。

过量的营养物质流入海洋中，也以惊人的方式威胁着海洋生物的生存。这些营养物质导致藻类增加，其中一些藻类会产生毒素，这些毒素会在小型动物体内积聚，并毒害食用藻类的野生动物和人。由于食用了含有高浓度毒素的贻贝，数以千计的红腹滨鹬在迁徙途中中毒死亡。

即使藻类不产生毒素，它们也是有害的。当巨大的藻类种群死亡时，以死亡细胞为食的细菌会消耗水中的大量氧气。这种耗氧的富营养化过程会导致大量鱼类死亡。富营养化威胁着美国数百条河道中的动物。例如，在墨西哥湾，每年夏天，美国中西部农田的肥料都会在密西西比河河口形成一个大约 15 000 平方千米的低氧“死亡区”。

也许人类释放的最多的污染物是 CO_2，它也是全球气候变化的主要原因之一。通过计算机模拟，我们可以看到预测的气候变化与 1 000 多种植物物种的已知生存范围和生存需求有关联：随着气候变化，这些植物中有 15% ～ 37% 的物种将在 21 世纪面临灭绝。红腹滨鹬也不能免受不断增加的 CO_2 的威胁，从海平面上升对它们赖以生存的海滩的影响，到可供它们筑巢的北极苔原的巨大变化，气候变化在诸多方面威胁着这些鸟类。

无论从何种角度衡量，《濒危物种法案》的批评者将现代物种灭绝速率描述为“自然灭绝速率”都是错误的。在过去的 400 年里，人类导致的物种灭绝速率远超过去。人类活动持续威胁着世界各地数以千计的其他物种，地球似乎即将处于第六次物种大灭绝的边缘，而人类活动正是造成这种全球性的巨大变化的罪魁祸首。许多人认为，将人类对其他物种的影响降至最低，从而支持物种保护，是一种道德上的责任。然而，从人类自身的角度考虑，我们也有必要阻止第六次物种大灭绝的发生：因为生物多样性的丧失也会以我们无法预测的方式对人类造成伤害。

Q2 物种灭绝将如何影响人类？

人类对生物多样性减少的担忧，不仅仅是出于对非人类生命的伦理利益问题的考虑。人类与地球上存在的各种物种一起进化，而这些物种的消失往往会给人类带来负面的影响。

资源的丧失

正如前文介绍的那样，鲨给人类带来了显著且直接的好处。除此以外，人类能够直接从自然界获得其他生物资源，包括用作供能的燃料和制作家具的木材、补充蛋白质的贝类、用作制作胶制品的藻类，以及用作药物的草本植物。任何物种的消失都会影响人类经济社会的发展。据估计，美国野生物种每年能产生约 870 亿美元的价值，约占其国内生产总值的 4%。

野生物种还能够为人类提供独特的生物化学物质形式的资源。事实上，许多有价值的药物、食品添加剂和工业产品都来源于野生物种。一个显著的例子是玫瑰色长春花，它在马达加斯加岛上进化而来，而马达加斯加岛是地球上生物多样性濒危状况最严重的地区之一。从这种植物中提取的长春新碱和长春碱这两种药物，显著降低了白血病和霍奇金病这两种癌症的死亡率。如果野生物种还未被充分研究就已经灭绝了，我们将永远无从得知哪些物种可以提供改善人类生活的化合物。

驯化的动物和植物的野生近缘种，比如牛和农作物，也是人类的重要资源。从驯化的物种中“培育出来”的基因和等位基因通常仍然存在于它们的野生近缘种中。这些遗传资源可通过育种或基因工程重新引入农业物种中。农业科学家们为了培育出更优质的小麦、水稻和玉米，一直在从这些作物的野生近缘种中寻找具有抗虫性和提高产量的基因。例如，墨西哥类蜀黍物种大刍草是现代玉米的祖先。这种类蜀黍物种能够抵抗侵扰栽培玉米的几种病毒，这种抗性基因已通过杂交技术转移到了美国国内的玉米植物中。

通过在自然生境中保护耕作作物的野生近缘种，科学家们还可以发现减少作物病虫害和疾病的资源。例如，卡托拉卡斯巨人大黄蜂吃墨西哥棉铃象虫，这种大黄蜂已被用于控制棉田里这些害虫的侵扰。卡托拉卡斯巨人大黄蜂是在墨西哥南部的热带雨林中被发现的，它寄生在野生棉花种群中一种与棉铃象类似的害虫上。

当然，将卡托拉卡斯巨人大黄蜂等昆虫引入新环境会带来风险，即使引入的目的是减少环境破坏。我们已经注意到了许多由引入物种引起环境灾难的例子。通常，对农作物危害较小的一种方法是，保护附近的生境和生境中持续存在的生态相互作用。

互利共生、捕食和竞争

尽管人类可以从很多物种中直接受益，但大多数受威胁物种和濒危物种可能对人类几乎没有或根本没有用处。尽管鸟类爱好者和生物学家会为红腹滨鹬的灭绝感到痛心，但红腹滨鹬的消失基本不可能对任何人造成直接伤害。

实际上，大多数物种对人类是有益的，因为它们是生物群落的一部分。生物群落是由在特定生境中共同生存的所有生物体组成的。在一个群落内，每个物种占据一个特定的生态位，这可以被认为是该物种的角色或“工作”。不同的生物占据群落中不同的生态位，生物之间的这种复杂联系通常被称为食物网（又称“生命之网”，见图 6–3）。就像蜘蛛网一样，“生命之网”中的任何部分发生断裂，都会被网的其他部分感知到。食物网上的一些变动只会对群落造成微小的改变，而另一些变动则可能导致整个食物网的崩溃。最常见的是，食物网中某些部分的消失会被少数相关物种感知到。鲎和红腹滨鹬的故事已经向我们展示了这一点。因此，一些看似微不足道的物种的消失，甚至有可能被人类感知到。

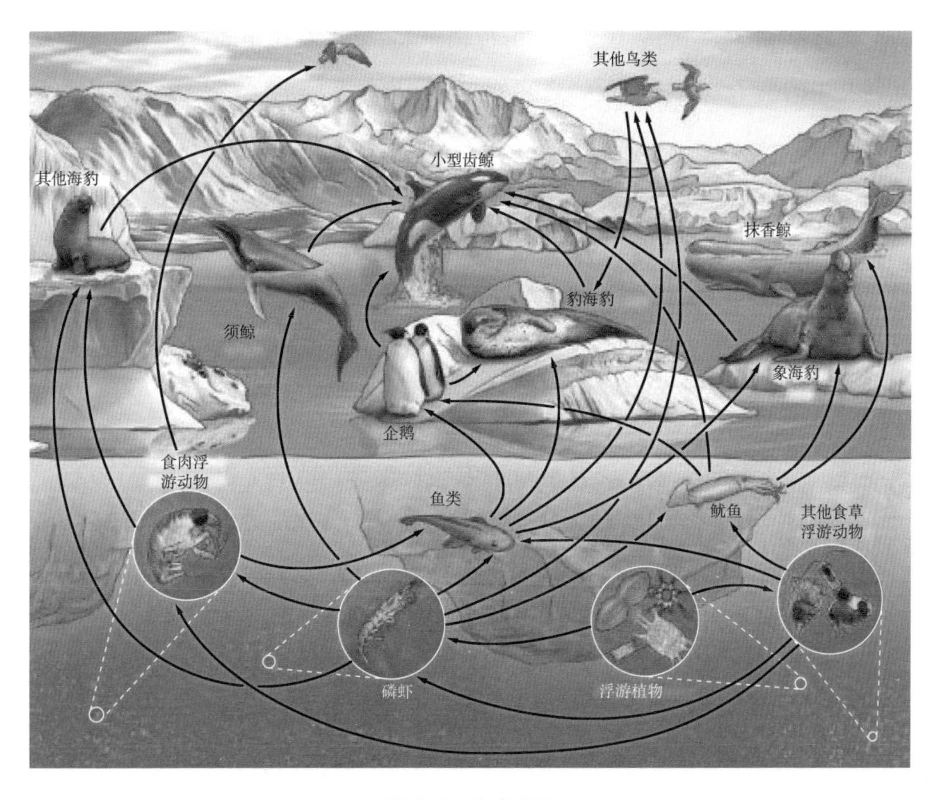

图 6-3 生命之网

注：在食物链中，物种之间彼此相连，食物链网络共同构成了食物网。该图展示了南极海洋中物种之间的捕食关系，以黑色箭头表示。例如，企鹅吃鱼类，而企鹅又会被豹海豹吃掉。

互利共生：蜜蜂如何喂养整个世界。彼此受益的两个物种之间的相互作用被称为互利共生。互利共生可以与偏利共生（又称共栖）形成对比。偏利共生是指在两个物种的相互关系中，其中一个物种受益，另一个物种不受影响。例如，牛背鹭（一种鸟类）和驯养牛之间的关系。牛吃草时，会惊起草丛里的昆虫，跟随在牛后面的牛背鹭便以这些昆虫为食。这些牛似乎不会因牛背鹭的存在而受益或受到伤害。

我们在许多环境中都能找到互利共生的例子。清洁鱼会清除并吃掉大鱼身上的寄生虫，菌根真菌在消耗植物糖分的同时促进了植物根系对矿物质的吸收，蚂蚁在金合欢树的刺丛中筑巢并保护树木免受其他昆虫的侵害，这些都是互利共生的例子。植物和蜜蜂之间的互利共生关系，也许对人类来说是最重要的。

作为许多开花植物的主要传粉者，蜜蜂占据着非常重要的生态位。传粉者的作用是以花粉粒的形式将精子从一朵花转移到另一朵花的雌性生殖结构中。开花植物直接受益于这种关系，因为昆虫授粉增加了植物产生的种子数量。蜜蜂也通过收集多余的花蜜来喂养自己和蜂巢中的同类，从而受益。

在美国，野生蜜蜂至少为 80% 的农作物授粉，带来了 100 亿～ 150 亿美元的净收益。此外，野生蜜蜂种群对全球数十亿美元产值的农业生产有着重大且直接的影响。

近年来，美国和欧洲西北部的蜜蜂数量急剧下降。虽然在冬天养蜂人损失大约 20% 的蜂房蜜蜂属于正常情况，但自 2006 年以来，每年有 30% ～ 45% 的圈养蜂群消失。这些蜂群死亡的确切原因各不相同：主要有蜜蜂寄生虫（引起疾病或消耗宿主能量的传染性生物）的增多、与入侵的非洲蜜蜂（“杀人蜂”）的竞争、农药污染和生境破坏等原因。无论是野生的还是驯养的蜜蜂，它们都是农作物的共生物种，其种群数量的持续下降会对人类造成重大损失。

捕食：森莺如何拯救森林。通过食用另一个物种而生存的物种通常被称为捕食者。该词让人首先联想到地球上一些凶猛的动物：猎豹、老鹰和虎鲸。但你可能不会想到，北美鸟类中有一个科叫作森莺科，它们也是捕食者。这种鸟类的特点是体型小，夏季时羽毛鲜艳，然而这些善于鸣叫的美丽的鸟是昆虫的贪婪消费者。每年夏天，北美森林中的森莺能清除其林木和灌木中的数以千计的昆虫数量。

森莺所捕食的大多数昆虫都以植物为食。森莺捕食昆虫减少了森林中昆虫的数量，降低了昆虫对森林植物所造成的破坏，从而有助于提高树木的生长速度。仅在美国，采伐的树木用于造纸和木材生产就带动了价值超过 2 300 亿美元的产业。可以说，至少有一些木材，是因为森莺控制森林中的昆虫而得以生产出来的。

许多森莺物种数量正在减少。森莺物种的消失有多种原因，包括北美夏季以及中美和南美冬季时的生境破坏。森莺也面临着越来越多的动物捕食者的侵袭，而这些动物捕食者种群，例如浣熊和家猫，则受益于人类聚居的环境。尽管当森莺数量减少时，其他不那么易受侵袭的鸟类数量可能会增加，但这些“替代的”鸟类通常不那么依赖以昆虫为食。如果森莺种群变小会导致森林植物生长率变低和森林植物患病水平升高，那么这种小巧而美丽的鸟类肯定会对人类经济产生极大影响。

竞争：一只被故意感染的鸡如何拯救生命。当两个生物物种都需要相同的生命资源时，它们就会在生境内展开竞争。一般来说，竞争限制了竞争种群的规模。从科学的角度来看，为了判断看似需要相同资源的两个物种是否在竞争，我们可以将其中一个物种从环境中移除。如果另一个物种种群数量随之增加，则这两个物种是竞争对手。

狮子和鬣狗争夺刚被杀死的羚羊，或者菜园中生长出很多杂草，这些都被认为是竞争的典型例子，但大多数竞争性互动是无形的。最不明显的竞争发生在微生物之间。然而，微生物之间的竞争通常对人类和生态群落的健康至关重要。

肠炎沙门菌是美国食源性疾病的主要原因。美国每年有 200 万～ 400 万人感染肠炎沙门菌，并因此导致发烧、肠痉挛和腹泻。在大约 10% 的病例中，感染会导致严重疾病，使得感染者不得不住院治疗。每年有 400 ～ 600 名美国人死于肠炎沙门菌感染。

大多数肠炎沙门菌感染者是因为食用了未煮熟的家禽产品，尤其是鸡蛋。

美国疾病控制与预防中心估计，每年每 50 名消费者中就有 1 人接触到被肠炎沙门菌污染的鸡蛋。令人惊讶的是，这些被污染的鸡蛋大多数看起来完全正常且完好无损。其实，当鸡蛋在母鸡体内形成时，这些病原体就会污染鸡蛋。因此，防止污染的唯一方法是阻止肠炎沙门菌感染母鸡。

控制肠炎沙门菌的一种常见方法是给母鸡喂食抗生素，即一种能杀死细菌的化学物质。然而，与大多数微生物一样，肠炎沙门菌菌株可以进化出耐药性，因此它们很难被杀死。但还有另一种减少家禽受肠炎沙门菌感染的方法：确保其他物种占据其生态位。

大多数肠炎沙门菌感染源于动物的肠道。如果另一种细菌已经垄断了母鸡消化系统中的食物和可用空间，那么肠炎沙门菌将难以在那里定殖。遵循这一原则，一些家禽生产商现在会用无害的细菌感染母鸡的消化系统，这种做法被称为竞争排斥，可以降低鸡群中肠炎沙门菌的水平。该技术的实施主要是将良性细菌培养物喂食给刚孵出 1 天的雏鸡。当无害细菌在雏鸡的肠道中建立起生态位时，雏鸡就不太可能成为大量肠炎沙门菌种群的宿主（见图 6–4）。有证据表明，这种做法是有效的：在英国，鸡的肠炎沙门菌感染率下降了近 50%，竞争排斥成为一种非常普遍的做法。

这种做法反映了一些与人类相关的细菌的作用，例如那些通常生存在我们肠道和生殖道内的细菌。例如，许多因细菌感染而服用抗生素的女性随后会患上阴道酵母菌感染，因为抗生素也会杀死非感染性细菌，包括通常与酵母菌竞争的细菌。维持较大物种之间的竞争性互动对人类也很重要。例如，在较短时间内形成的池塘中，以藻类为食的动物主要是蚊子、蝌蚪和蜗牛，它们互为竞争对手。在没有蝌蚪和蜗牛的情况下，蚊子的数量会变得非常多，这可能会产生严重的后果，因为这些蚊子可能携带致命的传染源，如疟原虫、西尼罗病毒和寨卡病毒以及黄热病毒。随着青蛙、蟾蜍和它们的蝌蚪越来越濒临灭绝，这种风险也变得越来越大。

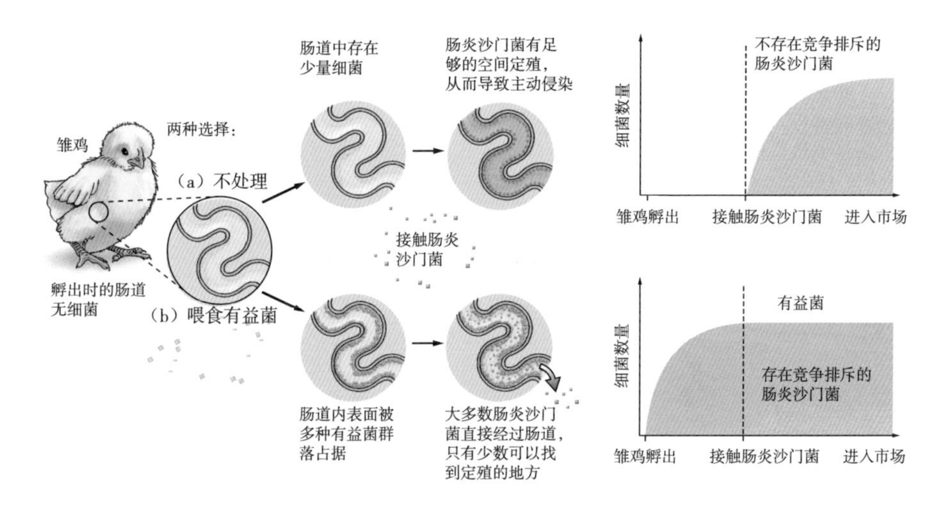

图 6-4　竞争排斥

注：如果家禽生产商给雏鸡喂食非致病细菌（有益菌），有益菌就会占据肠炎沙门菌会利用的肠道空间和营养。

基石物种：狼如何喂养海狸。表 6-1 总结了生物之间具有生态相互作用的主要类型，然而，该表只强调了每种相互作用对直接涉及的物种的影响，但并未说明这些相互作用中有许多可能产生多重间接影响。

表 6-1　物种相互作用的类型及其直接影响

相互作用	例子	对物种 1 的影响	对物种 2 的影响
偏利共生：二者的关联促进了一个物种的增长或种群规模的扩大，而不会影响另一个物种	1. 鲫鱼 2. 鲨鱼	+ 由于鲨鱼的进食方式不够细致，因此鲫鱼可以收集食物残渣食用	0 鲨鱼似乎没有因鲫鱼收集其食物残渣而受到负面影响
互利共生：二者的关联促进了两个物种的增长或种群规模的扩大	1. 蚂蚁 2. 金合欢树	+ 金合欢树膨大的刺为蚂蚁提供了庇护所。金合欢树叶为蚂蚁提供“蛋白质”	+ 蚂蚁杀死食草昆虫并破坏金合欢树的竞争植物，从而使金合欢树受益

续表

相互作用	例子	对物种 1 的影响	对物种 2 的影响
捕食和寄生：一种生物体被另一种生物体消耗	1. 棕熊 2. 鲑鱼 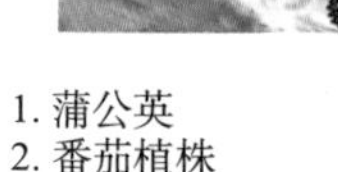	+ 棕熊捕食鲑鱼以获取营养	– 鲑鱼无法生存
竞争：二者的关联导致两个物种的种群规模减小或受限	1. 蒲公英 2. 番茄植株 	– 蒲公英在番茄植株存在的情况下长势不佳，因此，蒲公英产生的种子更少	– 在蒲公英等杂草存在的情况下，番茄植株不能以最佳方式生长，番茄植株产生的花和果实较少

再看一下图 6–3 所示的食物网。在南极海洋生物群落中，任何一个物种都不是只与一种物种有联系：它们在吃掉某些生物的同时，大多数也都会被别的生物吃掉。你可以想象一下，企鹅捕食鱿鱼会对象海豹产生负面影响，因为象海豹与这些企鹅争夺鱿鱼；企鹅捕食鱿鱼会间接对海鸟产生积极影响，因为海鸟与鱿鱼争夺磷虾。这些具有不同重要程度的间接影响的存在，导致生态学家提出一个假设：至少在某些群落中，单个物种的活动可以在决定系统食物网的组成方面发挥重要作用。这些生物被称为基石物种，因为它们在群落中的作用类似于拱门中的拱顶石所起到的基石作用。拆除拱顶石，拱门就会倒塌；移除基石物种，生命之网就会崩溃。我们很难预测在一个完整的生态系统中，哪些物种可能是基石物种，但生物学家可以举出很多例子，用于说明在某一个物种消失后，该物种明显显现出其基石物种的重要作用。美国黄石国家公园的灰狼种群便是其中一个例子。

20 世纪 20 年代中期，黄石国家公园内的灰狼被消灭了，因为美国发起了一项大规模的运动，旨在清除美国西部这种偶尔捕食家养牲畜的动物。然而，到了 20 世纪 80 年代，随着人们对生态学的了解加深并对环境健康产生新的兴趣，他们对狼的态度发生了改变。人们对狼在自然系统中的作用有了新的认识，从而重新开始考虑让狼回归其历史家园。从 1995 年到 1997 年，41 只最初被困在加拿大的狼被放生到美国黄石国家公园及其周边地区。由于受到捕猎禁令的保护以及狼自身的适应性，到 2015 年底，黄石国家公园及其周边地区狼的数量已增长到至少 500 只，并且在该区域内，狼不再被视为濒危动物。

在黄石公园的狼灭绝期间，生物学家注意到白杨、三叶杨和柳树的数量在急剧下降。他们将这些种群数量的下降归因于以这些树木为食的麋鹿数量增加，尤其是在冬天麋鹿吃不到草的时候。然而，就在狼被重新引入黄石国家公园几年后，公园一些地区的白杨、三叶杨和柳树的数量又多了起来。尽管当时狼的数量仍然太少，不足以对麋鹿的数量造成重大影响。除了在狼经常出没的狼窝附近的区域外，在公园其他一些区域，比如在麋鹿难以察觉到狼靠近的区域内或者在被狼捕食时难以逃跑的区域内，植物的恢复最为明显。因而，麋鹿会远离这些区域以避免狼的捕食。狼通过改变麋鹿的行为，对维持黄石公园内大量的阔叶树种群发挥着重要的作用。

黄石国家公园中的白杨、三叶杨和柳树种群数量的增长也对其他物种产生了影响。海狸以这些树木为食，在连续几十年的数量下滑之后，公园里海狸的数量似乎正在重新增长。利用这些树木作为庇护所和食物的森莺、昆虫甚至鱼类的数量也在增长。黄石公园的狼似乎符合典型基石物种的特征，将其移除会对生物多样性产生许多令人难以预料的影响。

能量流和化学流

一个物种的灭绝可能会对生境中其他物种产生不可预测的影响。我们知之甚少的是，看似微不足道的物种的消失也会以一定的方式改变整个群落赖以生存的环境。

生态学家将生态系统定义为特定区域内的所有生物体及其所处的非生物环

境。生态系统的功能体现为能量流经它的速度和营养物质在它内部循环的速度。某些物种的消失会极大地影响生态系统的这两种特性。

第一，能量流。在几乎所有的生态系统中，主要能源都是太阳能。生产者在光合作用过程中将太阳能转化为生物量，由此捕获的化学能流经生态系统中的营养级。生物量在营养级之间进行分配，其中大部分生物量位于营养金字塔的底部。当我们沿着营养金字塔向上移动时，一个营养级上只有一部分能量可以转化为上一营养级的生物量。生产者层级上的生物量的多少决定了最高层级上的生物种群的数量。

到达地球表面的阳光量和任何特定位置的可用水资源量，是影响营养金字塔结构和通过它的能量流的决定因素。（下一章将会介绍阳光和可用水资源的差异如何导致地球生态系统类型的差异）然而，生态系统中的生物多样性也会对其内部的能量流产生强烈的影响。

对世界各地草原的研究为这一观点提供了强有力的证据，研究表明物种的消失会影响能量流。明尼苏达大学和其他地方的科学家对种植了相同数量物种的植物与种植了物种数量不同的实验草原花园进行了比较，结果发现在物种更多样化的花园中，植物的总生物量往往更大。这项研究表明，即使生境没有减少，物种多样性的减少也可能导致食物链上层级较高的生物体，诸如人类所能获得的能量减少。

第二，营养物循环。当植物生长所必需的矿物质营养流经食物网时，它们通常不会从环境中消失，即所谓的营养物循环。图 6–5 显示了自然草原中的氮的循环。在这里，氮元素以土壤中的无机形式，如氨，转移到植物中，在植物中转化为更复杂的有机形式。从那里，有机氮通常作为食物从一个生物体转移到另一个生物体。由于细菌和真菌之类的分解者的活动，分解消费者所产生的废物，使得氮最终恢复为无机形式。

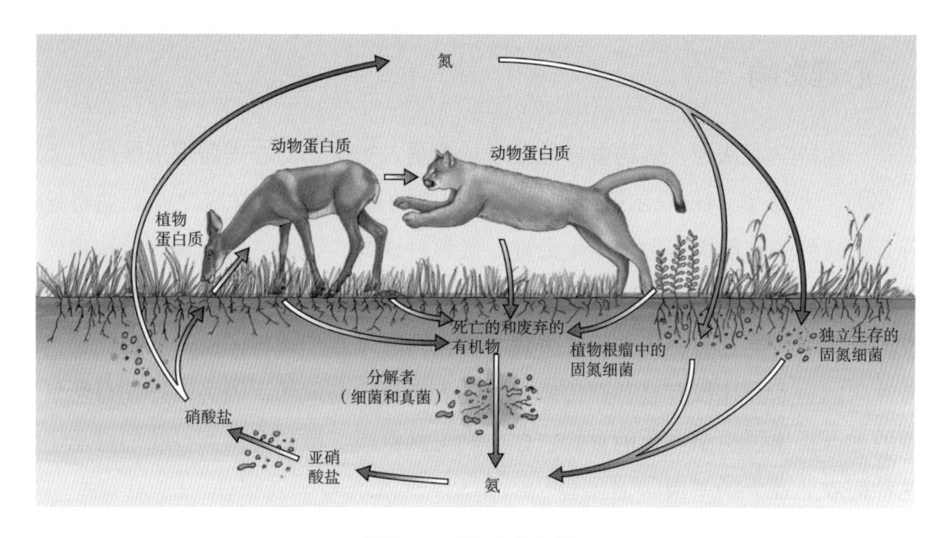

图 6-5　草原中的氮循环

注：如图所示，氮等营养物质在生态系统中被循环利用，从土壤流向生产者，再到消费者，然后再回到土壤中。在土壤中，复杂的营养物质被分解成更简单的形式。

氮是蛋白质的主要成分，丰富的蛋白质对于所有生物体的正常生长和运作都至关重要。因此，在大多数生态系统中，氮通常是决定产量上限的营养物质：更多的氮通常会带来更高的产量；而在可用氮较少的地区，可以供养的植物也更少，因此动物也会更少。

土壤群落的变化会极大地影响营养物循环，从而影响生态系统中某些物种的生存。科学家们对入侵整个美国东北部森林的蚯蚓所产生的影响进行了调查，他们观察到森林地表植物的多样性和丰度急剧下降。蚯蚓的入侵显然引起了本地土壤生物群落的变化。由于这些变化，营养物循环被打乱，本地植物群落遭到破坏。

很明显，生物多样性的丧失会对人类赖以生存的群落和生态系统的健康产生不利的影响。然而，目前的物种灭绝是否会对我们的心理健康产生负面影响？这个问题的答案仍存在争议。

心理影响

一些科学家认为，生物多样性是通过满足人类深层的心理需求来维持人类生存的。爱德华 · O. 威尔逊是倡导这一想法的最杰出的科学家之一。他将这种亲近自然的本能渴望称为亲生命性。威尔逊认为，人们之所以喜欢寻找自然景观，是因为我们遥远的祖先就是在相似的景观中进化而来的。根据这一假设，有些古人类具有驱使他们去发现多样化自然景观的遗传倾向，具有这种遗传倾向的古人类比没有这种遗传倾向的古人类更容易成功，因为多样化自然景观的地区提供了更多样化的食物、住所和工具资源。威尔逊认为，我们继承了这种前农业社会的基因印记。

虽然没有证据表明亲生命性和遗传基础有关，但有证据证明我们在自然中的体验会对自身产生心理影响。多项对照研究已经证实了人类与自然互动的好处，包括降低压力水平和延长寿命等。饲养宠物和种植室内植物的个人体验也表明，许多人从非人类生物体的存在中获得了极大的乐趣。虽然这并不是结论性的发现，但这些研究和体验很有趣，因为它们表明，如果生物多样性持续丧失，人类社会生活的总体愉悦程度将可能降低。生物多样性丧失的后果不仅仅影响着我们这一代人。图 6-1 所示的化石记录显示，在物种大灭绝期间丧失的生物多样性需要 500 万～ 1 000 万年的时间才能恢复。一些物种取代了之前在物种大灭绝中消失的物种，这些替代物种与那些灭绝物种有着很大的差异。例如，在爬行动物恐龙大规模灭绝后，哺乳动物取代了它们，成为地球上数量最多的动物。我们无法预测在下一次物种大灭绝之后生物多样性会发生怎样的变化，但今天我们目睹的物种大灭绝可能将对未来数千代人产生影响。

Q3 人类如何做才能扭转物种大灭绝的趋势？

我们已经知道生物多样性的丧失可能使人类付出惨重的代价。由于第六次物种大灭绝在很大程度上是人类活动的结果，所以为了扭转物种灭绝的趋势，人类必须做点什么。

2007 年，在华盛顿特区举行的庆祝仪式上，白头海雕从濒危物种名单中“除名”。它得以从濒临灭绝状态中惊人地恢复，在一定程度上要归功于政府的保护。然而，解除濒危状态的物种仍然是相对罕见的。

政治和经济的决策已经在路上，那么关于如何阻止生物多样性的快速消失，科学能给我们带来哪些启迪呢？生态学家认为，保护生境和保护遗传都同等重要。

保护生境

在全球范围内，我们很难确切地知道哪些物种最有可能濒临灭绝，因此防止物种消失的最有效方法是尽可能多地保护不同种类的生境。我们用于估计未来物种灭绝速率所使用的物种－面积曲线，也让我们有希望减缓物种灭绝的速率。根据图 6–2b 中的物种－面积曲线，随着生境面积的减少，物种多样性下降得相当缓慢。因此，理论上在我们失去 50% 的生境的情况下，仍然能保留生境中 90% 的物种。虽然这个估计过于乐观，因为生境破坏并不是对生物多样性的唯一威胁，但物种－面积曲线告诉我们，如果生境破坏的速度减慢或停止，物种灭绝速率也会减慢。

第一，保护最大数量的物种。考虑到不断增长的人口，若想要完全停止生境破坏，看似并不实际。然而，生物学家诺曼·迈尔斯（Norman Myers）和他的合作者们得出的结论是，地球上有 25 个生物多样性热点地区，即占地球表面面积不到 2% 的自然区域包含了约占全球物种数量 50% 的哺乳动物、鸟类、爬行动物、两栖动物和植物物种。热点地区往往出现在气候条件有利于植物高产的地区（如热带雨林），以及因地质因素导致物种群体隔离，使它们变得多样化的地区。

阻止生物多样性热点地区的生境破坏可以大大降低全球物种灭绝速率。通过在风险最大的热点地区展开保护工作，人类可以非常迅速地扼制大量物种消失的势头。当然，即使生境受到保护，这些热点地区的许多物种也可能会因为其他人为因素而灭绝。

从长远来看，我们必须找到保护生物多样性的方法，同时允许人类在自然景观中活动。一种方法是生态旅游，鼓励人们以保护环境和帮助当地人民改善生活条件的方式前往自然区域旅游。一些热点国家，例如哥斯达黎加和肯尼亚，已经利用生态旅游的方式来保护自然区域，并为当地居民提供急需的就业机会；然而，这种方法对于生态环境更复杂且生境破坏更严重的地区并不那么有效。

虽然保护热点地区有可能大大降低灭绝物种的总数，但这种方法也面临着批评者的质疑。他们认为，通过大力推广一种高度集中生物多样性区域的策略，我们可能会在其他地方失去大量的生物多样性。因此这些批评者提倡另一种方法，即确定和保护范围广泛的生态系统类型，从而保护最大范围内的生物多样性，而不仅仅是最大数量的物种。

第二，保护极度濒危物种的生境。虽然保护大量生境可以减少物种灭绝的数量，但保护濒危物种需要更加个性化的方法。美国《濒危物种法案》要求美国内政部为美国境内的濒危物种指定关键生境，即保护物种生存所需的区域。指定关键生境的数量取决于政治和生物因素。

在生物因素方面，指定关键生境包括对濒危物种的生境要求进行研究，并为该濒危物种设定种群目标。美国内政部关于指定关键生境的要求是，该区域必须具备足够的面积来支持种群的恢复。然而，美国联邦政府的指定关键生境要求，该区域内的人类活动必须受到限制。如果有“足够的经济利益”，美国内政部有权力将某些生境排除在保护范围之外，因此，指定关键生境是一项受政治因素制约的决策。

第三，降低生境破坏的速度。国家和政府有权力指定受保护区域，但保护生境不仅仅是国家和政府的工作。向自然保护协会等保护组织提供资金的私人慈善机构，也会对购买和保护濒危生境进行资助。即使没有购买和保护土地的资源，我们所有人也都可以采取行动来减少生境破坏，并减缓物种灭绝速率。将土地转变为作物生产用地是生境破坏的一个主要原因，因此减少对以谷物喂养的动物的肉类和奶制品的消费是我们能够采取的最有效的行动之一。减少木材和纸制品的使用，并将这些产品的消费控制在可持续采伐的范围内，保护森林的长期健康，有助于减缓林地的流失速度。

此外，还有一些降低生境破坏速度的其他措施，需要人类的集体努力。例如，增加对发展中国家的财政援助，可能有助于减缓生境破坏的速度。这些额外的资金将帮助发展中国家投资众多技术领域，以减少对自然资源的使用，如减少需要采伐大量木本植物作为燃料的烹饪技术。减缓人口增长速度的战略也提供了更多避免物种大灭绝的方法。人们还可以通过加入关注这些问题的非营利组织、与政治家交谈来表达自己的观点以及教育他人等方式，来参与集体保护工作。

尽管保护生境免遭破坏可以降低濒临灭绝物种的灭绝速率，但仅仅靠保护生境还远远不够。即使有足够的生存空间，种群数量也可能会减少，直至最后彻底消失。针对极度濒危物种的恢复计划，可能需要设定一个短期目标，将种群规模稳定在有 500 个或更多个体的水平上。为了理解为什么设定的目标为至少需要有 500 个个体才能拯救这些物种使其免于灭绝，我们需要研究一些小种群所面临的特殊问题。

易危的小种群

濒危物种的增长率会影响该物种达到目标种群规模的速度。鲎的增长率相对较高，如果环境理想，它们将很快达到其种群规模目标。对于增长缓慢的物种，例如加州神鹫，种群的恢复可能需要几十年的时间。

恢复的速度很重要，因为种群保持较小规模的时间越长，就越可能遭遇一场使其灭绝的灾难。美国的新英格兰黑琴鸡的故事，就是一个典型案例。

新英格兰黑琴鸡是一种身形较小的野鸡，曾经分布在美国缅因州和弗吉尼亚州之间，曾经有数十万只。欧洲人在东海岸定居导致其生境丧失，因此该鸟类数量急剧下降。19 世纪末，仅存的新英格兰黑琴鸡生活在玛莎葡萄园岛，该岛面积约为 259 平方千米，位于马萨诸塞州科德角海岸附近。岛上的农业发展导致新英格兰黑琴鸡的生境进一步减少；到 1907 年，只有 50 只新英格兰黑琴鸡幸存下来。

1908 年，为了应对新英格兰黑琴鸡数量的减少，马萨诸塞州在玛莎葡萄园岛为剩余的新英格兰黑琴鸡建立了一个约 6.5 平方千米的保护区。最初，这种解决方案似乎很有效，到 1915 年，其种群数量已恢复到近 2 000 个个体。然而，从 1916 年开始，一系列灾难发生了。首先，火灾摧毁了大部分剩余的生境。其次，接下来的冬天漫长而寒冷，饥饿的食肉苍鹰的入侵导致新英格兰黑琴鸡的数量进一步减少。最后，由引入的家禽火鸡带来的家禽疾病消灭了大部分剩余的新英格兰黑琴鸡。到 1927 年，只剩下 14 只新英格兰黑琴鸡，而它们几乎都是雄性。该物种幸存的成员最后一次被发现是在 1932 年 3 月 11 日。

新英格兰黑琴鸡最终灭绝的诱因是自然事件，即火灾、恶劣的天气、捕食者和疾病。但是，面对这些相对常见的挑战时，较小的种群规模早已决定了它的命运。只有数量为 10 万个个体的种群，才能够经受住一场导致其 90% 成员死亡但仍留下 1 万个幸存者的灾难；但在同样的情况下，仅有 1 000 个成员的种群则可能全部灭绝。即使将人为因素导致的新英格兰黑琴鸡种群数量减少的可能性降至最低，该物种的生存仍然岌岌可危。

我们可以通过保护种群规模较小的濒危物种，避免它们重蹈新英格兰黑琴鸡的覆辙。在玛莎葡萄园岛以外的地方安置一些该物种种群的成员，几乎可以消除该种群所有成员都暴露在同一环境灾难中的风险。这就是将濒危物种的圈养种群置于几个不同地点的基本原理。例如，圈养的美洲鹤分别安置在马里兰州的美国国家生物服务局帕塔克森特野生动物研究中心（U.S. National Biological Service's Patuxent Wildlife Research Center）、威斯康星州的国际鹤类基金会（International Crane Foundation）、新奥尔良的奥杜邦濒危物种研究中心（Audubon Center for Endangered Species Research）以及美国和加拿大的四个动物园。

即使有多个生境，如果濒危物种的种群规模仍然很小，它们还是难免遭受更微妙但可能同样具有破坏性的情况，即遗传变异性的丧失。

保护遗传

物种的遗传变异性是物种内所有等位基因及其分布的总和。例如，决定人类 A、B、O 血型的基因有三种不同的形式。一个包含所有这三个等位基因的种群，比一个只有两个等位基因的种群，有着更大的遗传变异性。遗传变异性的丧失会导致个体和种群的存活率降低。

低遗传变异性会降低个体适合度。适合度是指个体在特定环境条件下生存和繁殖的能力。个体遗传变异性低会降低适合度。换句话说，个体遗传变异性高可以增加适合度。让我们用一个类比的例子来解释其中的原因。

首先，让我们看看个体遗传变异性高可以增加适合度的第一个原因。假设你只能拥有两件外衣（见图 6–6）。如果两件都是西装，那么你已经做好了充分准备去见你未来的老板。然而，如果碰巧遇到暴风雪天气，你不得不穿过校园才能到达面试地点，那么穿着西装去的话，你就会觉得很冷。然而，如果你拥有一件保暖夹克和一件西装外套，那么无论是面对寒冷天气还是工作面试，你都准备得非常充分。在某种程度上，当个体携带一个基因的两个功能不同的等位基因时，它们表现为相同的优势。如果每个等位基因编码一个功能性蛋白质，那么杂合个体会产生两种略有不同的蛋白质，但这两种蛋白质本质上具有相同的功能。这种现象被称为杂合子优势。

杂合子可能具备更高的适合度以应对不断变化的环境

纯合子1：适合度相对较低（衣柜里只有一种西装）

纯合子2：适合度相对较低（衣柜里只有一种夹克）

杂合子：适合度相对较高（衣柜里有两种外衣）

图 6-6　杂合子可以在更广泛的环境中生存

注：在这个类比中，每件外衣都代表一个等位基因。正如拥有两件不同的外衣比只拥有一件外衣能让你适应更多的场合一样，同一基因的两个不同等位基因可能会允许其在更广泛的环境下实现最佳功能。

个体遗传变异性高可以增加适合度的第二个原因是，在许多情况下，一个基因的一个等位基因是有害的，也就是说，它所产生的蛋白质功能较低。在外衣的类比例子中，一个无功能的、有害的等位基因相当于一件破旧的外衣。如果你有一件破旧的外衣和一件完好无损的外衣，那么你至少有一件完好的外衣（见图 6-7）。在这种情况下，杂合性是很有用的，因为杂合子仍然携带一个功能等位基因。通常，有害的等位基因是隐性的，也就是说，杂合子中功能性等位基因的活动掩盖了有害等位基因存在的事实。有害等位基因的纯合子（携带一个基因的两个相同副本）的个体将具有低适合度，在我们的类比中，这相当于仅有两件破旧的外衣，除此之外什么都没有。由于上述讨论的这两个原因，相对于个体的许多基因是纯合的情况来说，当个体的许多基因是杂合的，即在类比的例子中对所有的衣服都有两种选择时，其累积效应具有更大的适合度。

随着时间的推移，小种群的杂合性会下降。当有亲缘关系的个体交配即近亲繁殖时，它们后代的任何等位基因都是纯合子的概率相对较高。在猎豹种群中，频繁的近亲繁殖导致精子质量差和幼崽存活率低，从而导致适合度降低，而这两种情况都有可能是由于有害等位基因的表达增加造成的。近亲繁殖的危害也体现在人类身上。与无亲缘关系的父母结合后生出的孩子相比，近亲结婚的父母生出的孩子具有更高的纯合率和更高的死亡率，因此适合度较低。在濒危物种的小种群中，近亲繁殖通常会导致存活率和繁殖率低下，并可能严重阻碍物种种群的恢复。

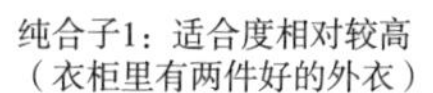

图 6-7　杂合子避免了隐性突变的有害影响

注：在这个类比中，每件外衣都代表一个等位基因。如果你有不能穿的破旧外衣，最好不要超过一件。类似地，杂合子同样可以受到保护，以避免可能只具有非功能性等位基因，也就是纯合隐性个体中存在的情况。

小种群也会因为遗传漂变而丧失遗传变异性。遗传漂变是种群中偶然发生的等位基因频率的变化。假设在两个人类种群中，血型等位基因 A 出现的频率为 1%，也就是种群中每 100 个血型基因中只有 1 个是血型等位基因 A，我们用符号 I^A 来表示这个等位基因。在一个有 20 000 个个体的种群中，因为每个个体都有两个基因副本，所以共有 40 000 个血型基因。在 1% 的频率下，该种群包含 400 个 I^A 等位基因。

在一个只有 200 个个体的较小种群中，只有该等位基因的 4 个副本存在。如果在两个种群中任何特定等位基因遗传的概率等同于抛硬币，那么在有 20 000 个个体的种群中没有遗传 I^A 等位基因的概率相当于抛硬币时连续抛出 400 个“正面”的概率；而在只有 200 个个体的小种群中，就相当于连续抛出 4 个“正面”的概率。因此，遗传漂变更有可能导致小种群中等位基因的完全丢失（见图 6-8）。

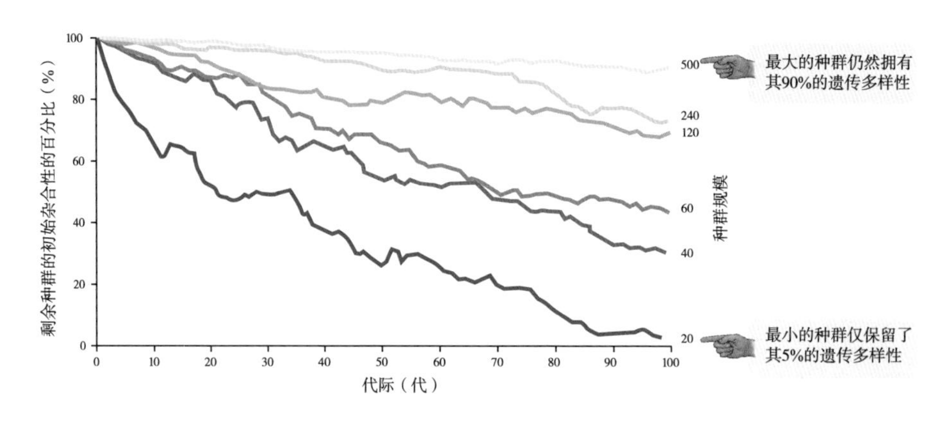

图 6-8　遗传漂变对小种群的影响大于对大种群的影响

注：在此图中，每条线代表对指定种群规模下的遗传漂变进行 25 次计算机模拟的平均值。100 代之后，一个有 500 个个体的种群仍然包含其 90% 的遗传变异性。相比之下，一个仅有 20 个个体的种群，只保留了不到 5% 的原始遗传变异性。

在大多数种群中，由于遗传漂变而丢失的等位基因在当时对适合度的影响相对较小。然而，许多等位基因在一种环境中似乎对适合度没有影响，在另一种环境中却可能导致高适合度。在这种情况下，这些等位基因的丢失可能会给整个物种带来灾难。

低遗传变异使整个种群处于危险之中。具有低水平遗传变异性的种群未来会面临更大的风险，其原因有两个。第一，当等位基因丢失时，种群中近亲繁殖的频率会增加。这意味着更低的繁殖率和更高的死亡率，导致种群数量减少，而这些种群易受小种群所面临的所有其他问题的影响。这个过程通常被称为灭绝漩涡（见图 6-9）。本章讨论的新英格兰黑琴鸡的情况就是灭绝漩涡的一个例子，一旦残余种群的个体因火灾、疾病和捕食者而减少到很少的数量，近亲繁殖导致种群数量难以恢复，它的灭绝也就是注定会发生的了。

第二，遗传变异性低的种群可能面临灭绝的风险，因为它们无法随着环境的变化而进化。当任何特定基因的可用等位基因很少时，种群中的任何个体可能都不具备使其能够在环境挑战中生存下来的适应性。例如，有证据表明，A

型血的人比 O 型血或 B 型血的人更能抵抗霍乱和腺鼠疫。I^A 等位基因的缺失将使人类种群在面对这些疾病时更容易受到严重衰退的影响。由于存在这种可能性，即使种群可以恢复，防止濒危物种个体数量减少到非常小的种群水平也是避免遗传灾难的关键。

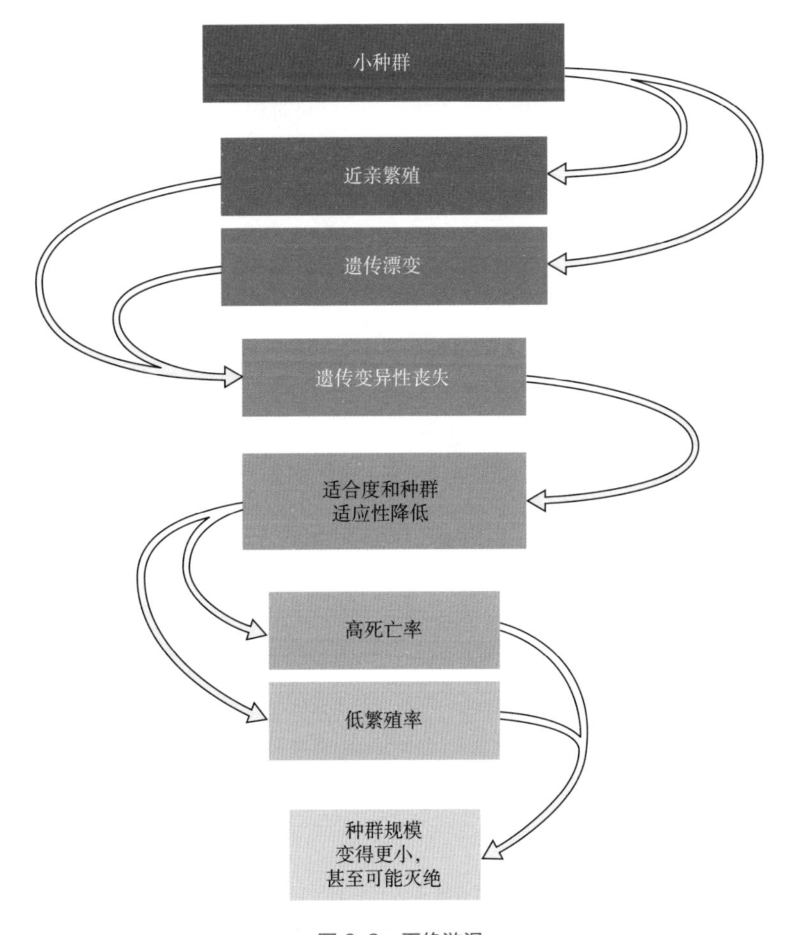

图 6-9　灭绝漩涡

注：一个小种群可能会陷入正反馈过程，导致其规模继续缩小，最终导致灭绝。

保护生物多样性与满足人类需求

美国《濒危物种法案》的实施，成功地拯救了游隼、美洲短吻鳄和白头海雕等濒危物种，但所有这些成功都让人类付出了一些代价。如果这些保护濒危物种的存在争议的解决方案可以指导我们如何采取行动，那么很多美国人都将愿意缴纳税款用于平衡人类和野生动物的需求，以保护我们的自然遗产。

与人类面临的任何挑战一样，最好的策略就是预防。表 6–2 列出了一系列有助于降低濒危物种灭绝速度的行动。为了应对保护生物多样性的挑战，人类需要发挥创造力，但在为其他生物创造空间的同时也可以满足人类的需求。然而，保持二者之间的平衡，需要所有人共同努力。

表 6-2　采取行动保护生物多样性

目标	原因	行动
减少化石燃料的使用	• 开采、钻探和运输化石燃料会改变生境并导致生境污染 • 燃烧化石燃料会导致全球气候变化，使自然生境进一步恶化	• 购买节能车辆和电器 • 尽可能步行、骑自行车、拼车或乘坐公共汽车 • 选择靠近学校、工作地点或公共交通便利的地区作为住处 • 尽量从电力供应商处购买“清洁能源”
减少肉类的消费 	• 农业是生境破坏和改变的主要原因 • 现代牛肉、猪肉和鸡肉的生产依赖农场生产的谷物。生产 0.45 千克的牛肉需要大约 2.18 千克谷物或约 25 平方米的农业用地	• 每周至少吃一顿无肉餐 • 将肉作为“配菜”而不是主菜 • 购买草饲动物肉或散养禽肉作为食物
减少污染 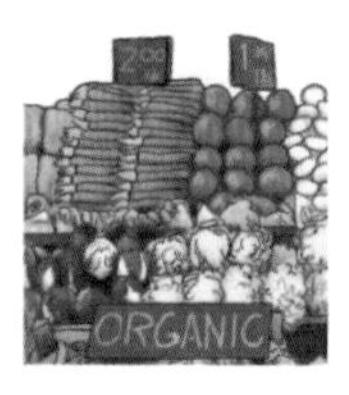	污染会直接导致生物死亡或者降低它们在环境中的生存和繁殖能力	• 不使用杀虫剂 • 购买生产过程中不使用杀虫剂的产品 • 用可生物降解、危害较小的化学品代替有毒清洁剂 • 考虑所购买商品的材料成分，选择污染最小的商品 • 重新利用或回收旧材料，而不是将其扔掉

续表

目标	原因	行动
自我教育并影响他人 	当大家都为之努力时，变化发生得最快	• 向制造商或店主询问商品的环境成本 • 与家人和朋友讨论你所做的选择 • 写信给决策者，敦促其采取有效措施，以减缓人口增长的速率，并遏制生境破坏和物种灭绝

要点回顾

BIOLOGY : SCIENCE FOR LIFE >>>

- 人类活动造成的自然生境丧失是现代物种灭绝发生的主要原因。生境破碎化、把物种引入非原生地区、不加以控制的开采造成的过度开发以及污染等其他威胁也会导致物种灭绝。

- 由于遗传漂变,即因偶然事件而导致的种群中等位基因的丢失,小种群中的遗传变异性丧失,因此小种群很难进化以应对环境变化。

- 政治的进步使人们能够制定保护濒危物种的计划,同时最大限度地减小这些行动对人类产生的负面影响。

BIOLOGY

SCIENCE FOR LIFE

07

人类活动对自然的影响究竟有多大？

妙趣横生的生物学课堂

- 人口的分布为什么不均匀?
- 人类如何减少对陆地的破坏?
- 人类如何减少对水域的破坏?

BIOLOGY : SCIENCE FOR LIFE >>>

在第 5 章中，我们知道了人口数量正在不断增长，在第 6 章中，我们还了解了人类的活动是如何影响其他生物体和食物链的，但是我们人类所居住的范围只占地球这个巨大星球的一小部分。事实上，如果现今所有人肩并肩地站在一起，我们都能挤进一块边长约为 27 千米的正方形土地里，这比纽约市的面积还小。我们可以把这个区域称为“人类足迹”，即人类在地球上所占据的表面区域。

当然，如果我们把足迹看作自己留下的印记，那么真正的人类足迹比我们的身体所占的空间要大得多。根据联合国的统计数据，由于人类的定居和农业的发展，人类已经改变了地球上 50% 的土地表面形态。而该统计数字只是一个直接换算，人类活动对环境的影响远远超出其活动的地理范围，其中包括地球大气层的变化，因为大气层能接收人类活动所产生的一些废物。

为了认识到人类活动对环境产生的影响有多大，一位加拿大经济学家在 20 世纪 90 年代提出了“生态足迹”的概念，即维持人口活动所需的地域空间。根据他的计算，地球人口每年消耗的能源和资源相当于地球现有能源和资源的 1.6 倍。换句话说，地球需要超过 1 年零 7 个月的时间才能再生出人类 1 年所消耗的资源。因此，地球运行下去的唯一可能的方式基本上是通过资源赤字，即消耗储存的资源。

尽管 1.6 倍地球生态足迹听起来已经不容乐观了，但事实上这个数据只是消除了国家间差异的一个平均水平。总的来说，发达国家的生态足迹要比欠发达国家的大得多，例如，北美人的人均生态足迹几乎是孟加拉国人的 13 倍。如果地球上的所有人都像美国人那样生活，我们需要的资源量相当于目前地球资源的 5 倍！

我们可以减少生态足迹吗？也许可以。如果每个人都选择像英国人那样生活，那么我们的生态足迹约为美国人的 2/3。在本章中，我们将探讨人类活动如何影响我们的生物社区，并思考如何减小人类活动的影响。

Q1 人口的分布为什么不均匀？

人类社会的发展范围只占据地球陆地表面不到一半的面积，但是从最冷的极地到最干燥、最炎热的沙漠，几乎在地球上的每种环境中都可以找到人类的身影。尽管我们分布广泛，似乎可以灵活地适应各种各样的环境，但我们的分布并不均匀。为什么有些地方比其他地方更拥挤？究竟是什么因素使得一个地方比其他地方更适合人类生存？为什么有些人类居住区比其他人类居住区更具有可持续性，即能够永久维持下去？要回答这些问题，你需要在一定程度上了解气候，即在一段时间内所观测的一个地方的平均天气状况。

气候是一个比天气更宽泛的描述，天气描述的是目前的状况。简单地说，天气信息会告诉你早上是否要铲雪，而气候信息会告诉你是否需要一把雪铲。

人类有自己的“舒适区”，通过询问人们在不同体温下的感受可以确定使人体感到舒适的体温范围。舒适的核心体温范围相对较小，大约为 36.5 ～ 37.1℃，但人们可以通过添减衣服和改造住所来维持核心体温。限制人类居住区域的一个更重要的因素是食物供应，除了那些过多依赖海洋食物的人口外，人们需要集中生活在最适合农业生产的地区。这些地区位于北纬

20° ～ 60° 以及南纬 20° ～ 60° ，那里的气温和降水量都很适合人类生存。

一个地区的平均气温主要是由它所接收到的太阳辐照度决定的。太阳辐照度是每平方米陆地表面或水面所接收到的太阳能总量。太阳辐照度大的地区比太阳辐照度小的地区平均气温更高。

地轴与太阳能量的流动方向大致垂直。地轴的两个极端叫作两极，而环绕地球且与两极的距离相等的那个圆圈叫作赤道。由于地球是近似球形的，太阳辐照度在两极和赤道之间有所不同。图 7–1 展示了来自太阳的两束完全相同的太阳能流。一束直接照射在赤道附近的地球表面上，而另一束则以更接近两极的角度照射在地球表面上，在这里地球表面因弯曲而“远离”太阳。地球几何形状上的差异意味着，在赤道受阳光照射的地球表面区域要比在两极受阳光照射的表面区域小得多。因为光线以较小的角度穿过更多的大气层，穿过大气层的太阳光会被散射回太空，所以到达两极地面的光线就会减少。换句话说，太阳辐照度在赤道最高，在两极附近最低。这就是位于美国南部的佛罗里达州比位于美国北部的佛蒙特州气候更温暖的一个原因。

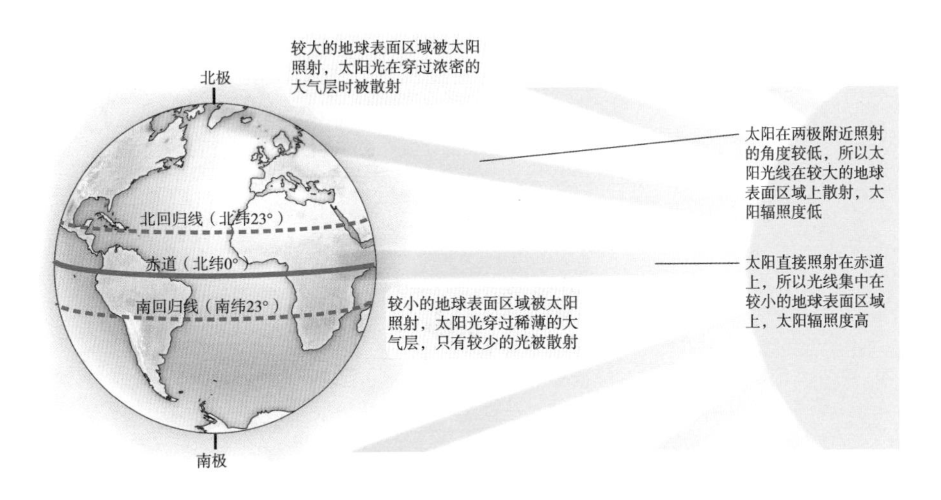

图 7–1 地球表面的太阳辐照度

注：地球表面某一地区的年平均气温是由太阳辐照度直接决定的。在一年中，赤道附近的地区接收的太阳能最多，而两极附近的地区接收的太阳能最少。

特定地点的太阳辐照度每年也会发生变化，这是因为地轴实际上从垂直于太阳光线的角度倾斜了大约 23.5°（见图 7–2）。由于这种倾斜，当地球绕太阳转动时，北半球（赤道以北）在北半球的夏季时向着太阳倾斜，而在冬季时向远离太阳的方向倾斜。在夏至期间，北半球的太阳辐照度达到一年中的最大值，此时太阳辐射到达地球最北部，北极向着最接近太阳的方向倾斜。在冬至，北半球的太阳辐照度达到一年中的最小值。地轴的倾斜也有助于解释为什么日出时太阳在天空中的位置会在一年中发生变化，会随着冬天转向夏天而从南向北移动（见图 7–3）。

地球的大气层在决定气候状况方面也起着作用。围绕地球自然形成的大气层，包括水蒸气和 CO_2，阻止了白天从太阳吸收的热量在夜间反射回太空。正是这种“隔热层”使地球适合人类居住。

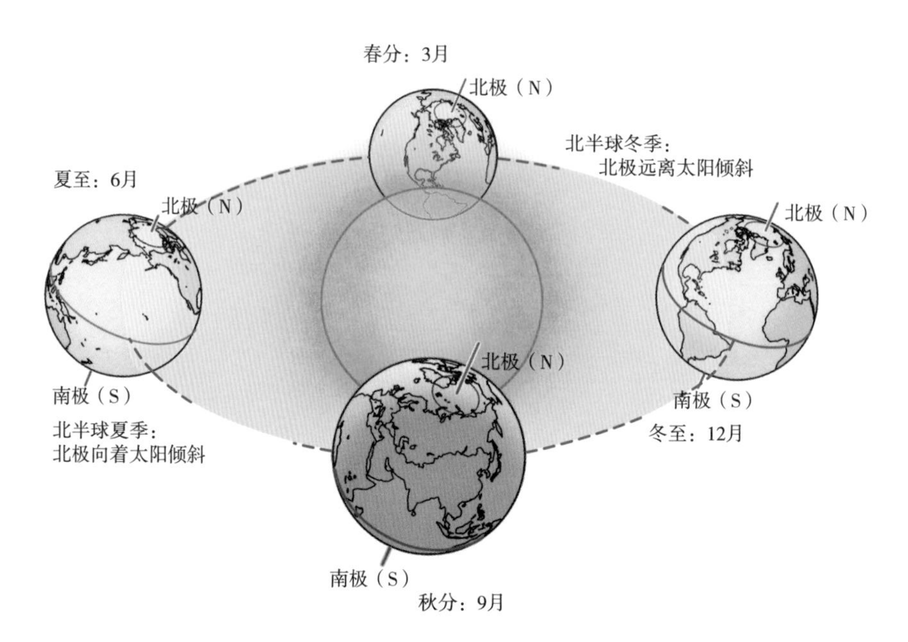

图 7–2　地轴的倾斜导致季节变化

注：因为地轴与太阳光线的垂线有 23.5° 的倾斜角，所以在地球绕太阳公转的一年中，两极似乎在向着太阳移动或远离太阳移动。当一个极点向着太阳倾斜时，太阳辐照度在极点及其附近就会增加；当这个极点远离太阳倾斜时，太阳辐照度就会减少。

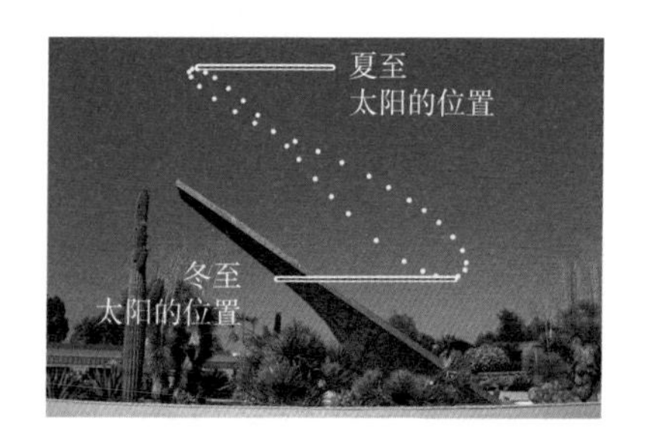

图 7-3 太阳的运行轨迹

注：这张图片是通过在一年中每个星期都在相同的地点和时间对太阳进行一次拍摄而生成的。当太阳高悬在空中时，太阳辐照度高，气温较高。当太阳在空中的位置较低时，太阳辐照度就低，因此气温也低。

最近的人类活动已经改变了地球的大气层。由于化石燃料的燃烧导致大气中的 CO_2 含量急剧增加，这层隔热层的保温效果变得更强了。这种现象的后果是全球气温升高和气候急剧变化，其中一些变化根本无法预测。

全球气温和降水模式

降水包括降雨和降雪，驱动降水的主要能量来自太阳。为了了解阳光是如何导致降水的，我们首先需要了解水蒸气的一些特性。

冷凝是分子聚集在一起形成液滴的过程，而蒸发则发生在分子脱离液滴的时候。要使水分子以水蒸气的形式留在空气中，冷凝的速率必须小于蒸发的速率。

蒸发的速率取决于温度：在高温下，水蒸发的速率很高；在低温下，情况正好相反。因此，当空气冷却时，水分子会聚集成越来越大的水滴。当水滴足够大时，凝聚的水滴就会形成可见的云。当云变得更大时，水滴会变得更大，最终形成降雨。如果云层内部的温度足够低，水滴就会凝固成冰晶，最终形成降雪。降雨是空气从近地球表面循环到大气层高处，然后再回到地面的结果，如图 7–4 所示。

在太阳辐照度最高的地方，即在赤道或赤道附近，白天气温上升很快。由于热空气的密度比冷空气小，赤道的空气就会上升。这就在靠近地球表面的区域形成了一块低气压区，从北方和南方吹来的风会聚集在那里。

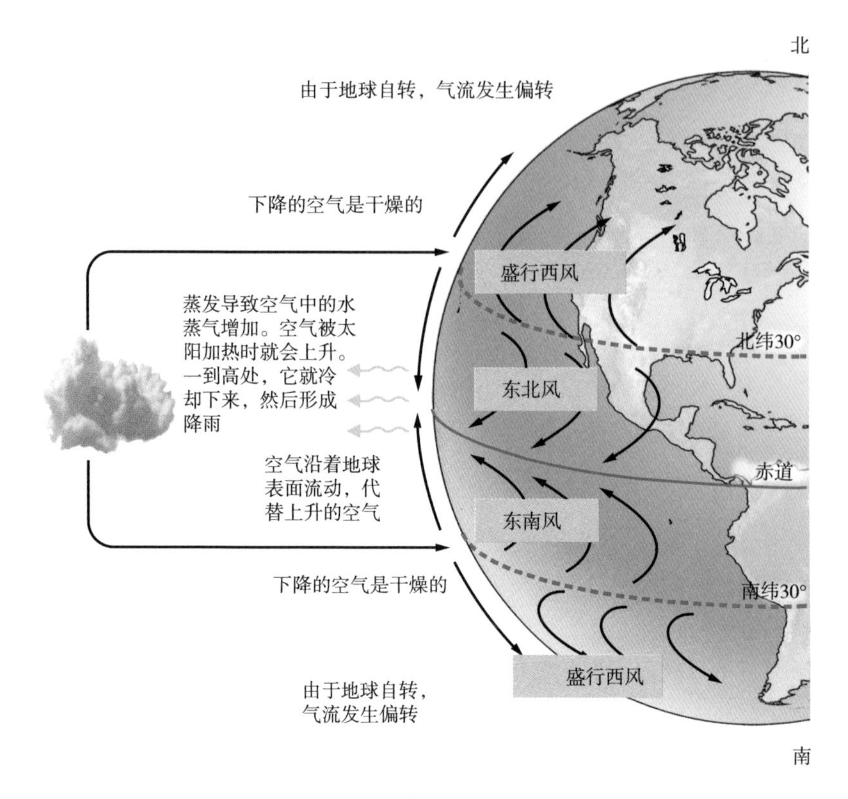

图 7-4　全球盛行风运动模式

注：在赤道的高强度太阳辐照度导致高蒸发量和高降雨量。这种现象促使热带附近的大量空气向温带移动。

当空气在赤道上升时，它就会冷却，从而导致其携带的水蒸气以雨水的形式降落。这些变得干燥的空气在高层大气中向两极流动，最后在北纬 30° 和南纬 30° 左右下降回到地球表面。这种非常干燥的下降空气代替了这些纬度上的地面空气，而这些下降到地面的空气从地球表面吸收了水分之后，沿着地球表面向两极流动。

空气的运动也受到地球自转的影响，地球自转在全球不同地区产生盛行风。由太阳加热和地球自转造成的大气中的空气流动模式能够解释赤道附近的雨林地带、南纬 30° 和北纬 30° 附近的大沙漠，以及北美西部地区的天气模式的变化趋势。

全球降雨模式也表现出季节性。由于地轴的倾斜，最大太阳辐照度区域在一年中涵盖了北纬 23.5° 到南纬 23.5° 的地表。因此，接收到最多太阳能的热带区域也在改变。当太阳辐照度高的区域发生变化以及这种变化影响到盛行风时，赤道的北部和南部就会进入雨季。印度和美国亚利桑那州南部的雨季都与风的变化有关，因为风在广阔的海洋上空移动的过程中吸收了水蒸气，水蒸气最终以雨水的形式降落在地表。

地域对气候的影响

一个地区的三个环境特征会对其气温和降水产生影响：（1）海拔高度；（2）与大片水域的距离；（3）陆地表面和植被（见图 7–5）。

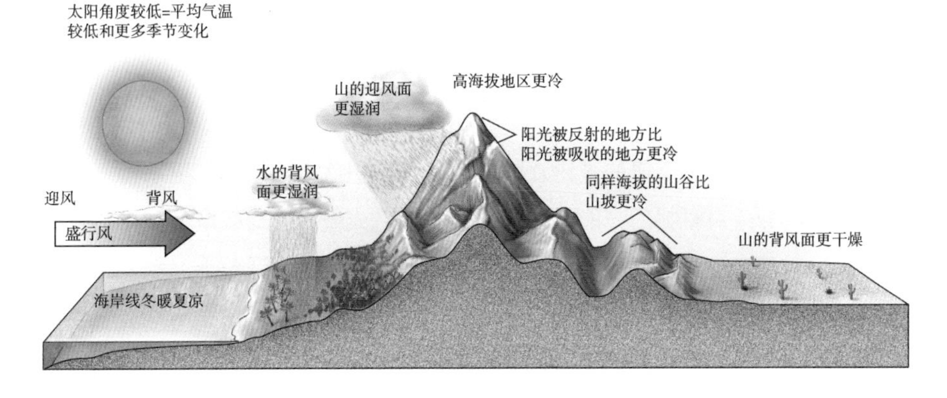

图 7–5　影响区域气候的因素

注：由全球气候模式造成的区域气温变化和降雨模式也受到区域地理因素的影响。

当地气温模式。气温随着海拔的升高而下降，因为气体在上升时会膨胀。当这种情况发生在距地面几百米高的地方，并且这些气体分子彼此远离时，热量就会减少。由于海拔高度的不同而造成的温差非常大。例如，珠穆朗玛峰的峰顶，海拔约为 8.8 千米，平均气温为零下 27℃，而它附近的尼泊尔的加德满都，其海拔为 1.3 千米，平均气温为 18℃。然而，一个地区内较小的海拔差异也可能对气温产生相反的影响。因为冷空气团的密度比暖空气大，所以一直处于阴凉处并且没有暴露在太阳辐射下的冷空气团往往会“下降”到某一地域的最低点。因此，山谷通常比附近的山坡更冷。

靠近大洋、大海和大型湖泊的地区的气温受到水的热性能的影响，包括它强大的储热能力。与陆地表面的温度变化率相比，水的温度随着太阳照射而缓慢上升或下降。因此，大片水域上空的空气在夏季相对更凉爽，在冬季相对更温暖（见图 7–6），并且水域附近的陆地地区的气温比内陆地区变化更小。因此，美国纽约长岛上植物的每年生长时间要比距离大西洋只有几十千米的新泽西州内陆地区长 30 天。海洋也对当地气候有影响，因为热量通过海洋洋流进行输送。墨西哥湾流把海水从大西洋热带水域带到北欧海岸，使这些地区的气候比距离赤道同样距离的其他地区温和得多。墨西哥湾暖流使爱尔兰都柏林的气候和美国的旧金山一样温暖，尽管都柏林比旧金山距离北极近了 1 600 千米。

陆地表面吸收太阳能的情况也会影响周围的气温。与吸收大部分光能、升温，并将热量辐射到空气中的陆地表面相比，可以反射大部分光能的陆地表面附近的气温较低。雪反射的光比森林更多，所以积雪上方的空气更寒冷。沥青路面和大部分建筑材料的光能反射率低，这会造成城市热岛效应。城市热岛效应是指城市气温通常比周围地区高 0.5 ～ 3℃。城市之所以变暖，也是因为其中的植被相对较少，植被也会使气温降低。植物吸收的大部分太阳能会将植物内部的液态水转化为水蒸气，这也会阻挡太阳能转化为热量。

当地降水模式。某一特定陆地区域的降水量在很大程度上依赖于该区域的环境，特别是该陆地是否靠近大片水域。吹过温暖水域的风聚集了水蒸气，当它到达较冷的大陆时，水蒸气就会凝结并降落。五大湖周围社区的天气就是这一效应的一个生动例子。例如，位于安大略湖西北侧的加拿大多伦多，每年平均降雪约 140 厘米，而位于安大略湖东南侧的美国纽约州的锡拉丘兹，由于受到吹过湖面的盛行风的影响，每年平均降雪约 274 厘米，几乎是前者的两倍。

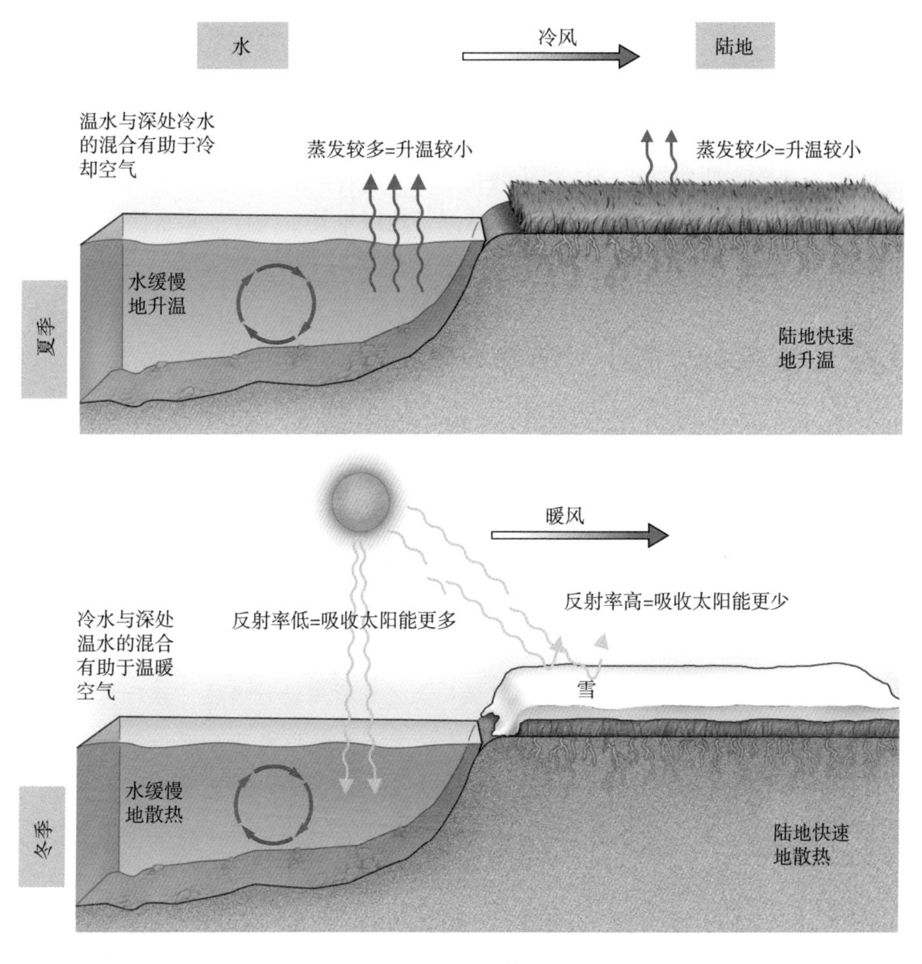

图 7-6　水的调节影响

注：由于蒸发冷却以及温水与水域较深处冷水的混合，水缓慢地升温。因此，春天和夏天吹过水面的风会给附近的陆地降温。相反，在冬天，即使当太阳光线被陆地上的雪反射时，水也会吸收热量，并且它散热的速度比陆地慢。因此，在秋冬季节，暖风来源于大片水域上方。

地区降水量也受到山丘或山脉的影响。当水平移动的气团靠近山丘时，它会被迫上升。当它上升冷却时，里面的水蒸气凝结形成云，随后形成雨或雪降落在山的迎风面。当它达到山的另一侧下降时会再次变暖，干燥的气团使水从背风面或背风面的陆地上蒸发。由此导致的干燥地区经常被称为山区的“雨影区”。由于内华达山脉造成的雨影区的影响，北美大盆地，包括内华达州的全部地区以及犹他州、俄勒冈州和加利福尼亚州的部分地区都变成了沙漠。

在全球范围内，降水模式比气温模式更加多变。热带地区有一个大范围的高降雨量地区，而在这个地区的北部和南部，降雨量显著减少，出现许多大沙漠。与干燥的极地地区相比，较湿润的温带地区重复着同样的降水模式。

Q2 人类如何减少对陆地的破坏？

除了房屋、道路、生产设施和垃圾场这些局限于地球陆地表面的地区，现今，人类的足迹也遍布陆地的每一处生物群落。看似人类成了陆地的霸主，但实际上陆地生物群落正在遭受不同程度的破坏。

20 世纪 70 年代，美国的矿业公司开发了一种名为“山顶移除”的技术来获取煤炭，即用炸药对煤矿上方的岩石进行爆破，然后将废石倾倒到附近的山谷中。自 1981 年以来，美国弗吉尼亚州西部有超过 1 295 平方千米的土地被这种采矿方法摧毁。采矿作业导致温带森林的植被被大规模破坏，这是人类开采化石燃料所要付出的代价。

人类应该在多大程度上限制自己的活动范围？要想解答这个问题，我们就需要进一步了解陆地生物群落。

陆地生物群落是由原生植被定义的地理区域。当地的植物和动物适应了当地的水资源可利用量和气温变化。一般来说，植被的大小会受到水资源可利用量的限制：高大的树木维持自身生长时需要大量的水。水资源可利用量随总降水量的变化而变化，但也受气温的影响，冰冻的水不能被植物吸收。

人们通常认为地球上有四种基本的陆地生物群落：森林、草原、沙漠和苔原。每一种基本生物群落内部都可能包含不同的变体，例如，草原可以是北美大草原，也可以是从东欧到西伯利亚的干旱草原或热带稀树草原。气候与生物群落类型的关系如图 7-7 所示。表 7-1 总结了陆地生物群落的特征。

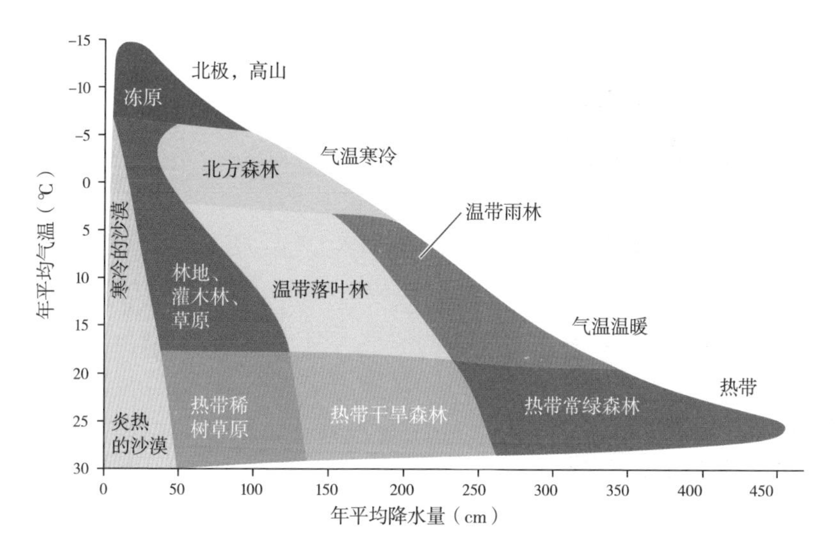

图 7-7　生物群落和气候

注：一个地区的原生植被类型是由该地区的气候决定的。

表 7-1　陆地生物群落

生物群落	特征	位置
苔原 	平均气温很低，植物生长季节很短，永久冻土。植物离地面很近，许多动物在冬天会迁移到气候温暖的地方	在靠近两极的地区和高海拔地区
沙漠 	降雨很少，土壤干燥，植被稀少。植物通常长满了刺，有利于储存水分	靠近北纬 30° 或南纬 30° 处：北非（撒哈拉沙漠）、中亚（戈壁沙漠）、中东、澳大利亚中部和美国西南部

续表

生物群落	特征	位置
森林和灌木林	以木本植物为主 	
热带森林 	降雨量大，平均气温高。树木高大，林下叶层相对较少。具有丰富的物种多样性	赤道周围：中美洲和南美洲、中非、印度、东南亚和印度尼西亚
温带森林（落叶植物） 	雨量充足，气温适中，冻结温度适中。植物分为三层：落叶乔木、灌木和林下叶层中的春季开花植物	北半球的中纬度地区：北美东部、西欧和中欧以及中国东部
北方森林 	降雨量充足，平均气温寒冷。以常绿针叶树为主，生长季节很短	北纬和高海拔地区：北美北部、北欧和亚洲，以及温带的高山地区
灌木丛 	温度适中，季节性降雨量适中，周期性发生火灾。以多刺的常绿灌木为主	地中海周边地区，以及美国加利福尼亚州南部、南非和澳大利亚西南部的局部地区
草原	以非木本的草类为主，很少有或没有灌木或树木	
热带稀树草原 	降雨量较少，气温高于冰点。个体树木分散，由周期性火灾或大型动物放牧维持生长	热带：大约非洲的一半地区，以及印度、南美洲和澳大利亚的大片地区

续表

生物群落	特征	位置
北美大草原和干旱草原 	降雨量少，季节性寒冷。有高草（北美大草原）或矮草（干旱草原），无木本植物	大陆中部的温带地区：北美中部、中亚、澳大利亚部分地区和南美南部

苔原

地球上温度最低的地区，即靠近地球两极的地区和高海拔地区，那里的生物群落类型被称为苔原。一年中，当那里的平均气温高到足以融化土壤中的冰时，植物生长只能持续 50 ～ 60 天。因此，那些地区的农业生产极其有限，人们有着依赖海洋食物生存的传统。

由于高温持续的时间不够长，不足以融化所有储存在那里的冰，像北极附近的北极苔原这样的地方，下面是永久冻土、冰砾块和较细的土壤物质。永久冻土层不利于排水，并且永久冻土层之上的土壤经常是沼泽和饱和土壤。浅层的饱和土壤不能支撑植物根系朝土壤深处生长，因此苔原无法支撑高大的树木。

苔原地区的植物适应了狂风肆虐的广阔土地和冰冷的冻结温度，通常生长在共生的多物种“草垫”上，在那里，所有植物个体的高度都相同并且互相庇护。这种低矮的植被支撑着巨大而多样的食草哺乳动物群落生存，比如北美驯鹿和麝香牛，以及它们的捕食者，比如狼。

苔原地区的动物已经进化出了适应寒冷气候的身体结构，比如储存脂肪和长出额外的皮毛或羽毛，以便在漫长的冬季中能够生存下来。其他动物，比如地松鼠，通过进化出冬眠来适应这样的环境，它们会进入一种类似睡眠的状态来减少新陈代谢，以便最大限度地保存能量。灰熊和雌性北极熊也会在一年中最冷的几个月里进入深度睡眠，虽然这不是真正的冬眠，但这些熊极度嗜睡，有些雌熊甚至会在这种状态下还没有完全醒来就已经分娩了。其他动物则向南方迁徙，躲避漫长、寒冷的冬季，以便能够生存下来。

虽然苔原上很少有人类定居，但它上面留下了大量的人类足迹。大面积的苔原，特别是在北极地区，都受到了我们对化石燃料的依赖的影响。像石油、天然气和煤这些化石燃料是由古代动植物的遗骸形成的。开采水井和矿井，以及在此过程中发生的道路建设、石油泄漏和水污染，已经破坏了数千平方千米的苔原。

人类定居地区的化石燃料使用也加剧了空气污染，空气污染甚至对苔原造成了影响。石油、汽油和发电厂煤的燃烧产生了许多燃料副产品，其中包括氮氧化物和硫氧化物、空气中的小颗粒物和诸如汞这样的燃料污染物。当这些气态污染物进入地球大气层上层时，它们就会随着气流传播到全球各地。空气传播的毒素，比如苯和多氯联苯，被植物和藻类吸收，然后随着这些毒素沿着食物链向上移动，就会产生生物累积。食物链是从数万亿个微小藻类细胞开始的，所有这些细胞都携带着少量的毒素；而对于食物链顶端的捕食者来说，毒素的生物累积是一个重大问题。

以温室气体形式存在的空气污染对极地和苔原地区也造成了不同程度的影响。美国阿拉斯加州的冬天变暖了 2℃～ 3℃，而其他地方的冬天变暖了大约 1℃。随着气候变暖，永久冻土会融化，最终导致这些“没有人类定居”的地区的生物群落发生巨大变化。

我们可以通过减缓全球变暖的速度，来减少我们在苔原上留下的足迹。要做到这一点，我们应该尽量减少对化石燃料的依赖，用风能和太阳能等可再生能源替代化石燃料。

沙漠

沙漠是年降雨量小于50厘米的地区，它是地球上人口最稀少的地区之一，仅次于苔原。虽然沙漠在人们脑海中的印象通常是炎热的和贫瘠的，但有些沙漠可能相当冷，并且大多数沙漠中有一些植被。沙漠地区的动植物都有储存水分的进化适应性。例如，植物通常被厚厚的蜡覆盖以减少水分的蒸发；植物具有光合作用的适应性，可以减少通过叶片气孔流失的水分；植物可以通过刺和有毒化合物来保护自己免受捕食者的伤害。

许多沙漠中的主要植被都是低矮的、生长缓慢的、根系很深的木本植物，但沙漠也是许多开花植物的家园，在一个季节里它们就可以完成从发芽、开花到结成种子的整个生命周期。在沙漠里，雨季很短；许多快速生长的植物在2～3周内就能发芽、开花并结出种子。它们结的种子耐寒、环境适应性强，能够在炎热干燥的土壤中存活多年，等待合适的降雨条件。

生活在干燥环境中的一些动物具有生理上的适应能力，使它们能够在几乎不摄取水分的情况下生存下来。这些动物中最令人惊奇的是各种类型的跳鼠，它们显然从不直接喝水。跳囊鼠会从食物中摄取少量的水分，它们也会将自身新陈代谢中产生的水分保存下来，而且它们的肾脏产生的尿液浓度是人类的4倍。

尽管这种生物群落并不是为了支持农作物生产而存在的，但美国西南部沙漠地区阳光充足、温暖而干燥的气候却有极大的吸引力，使该地区成为美国发展最快的地区之一。美国西南部沙漠地区人口的增加造成了巨大的生态足迹。人类及其灌溉作物对水的需求给地区水供应带来了压力，引起了用水者之间的冲突，并耗尽了当地动物的水源。事实上，科罗拉多河被广泛用作水源，以至于它在墨西哥的加利福尼亚湾出口处的平均流出量只有历史流出量的1/3。通过尽量减少浇灌草坪之类的不必要用水，并充分利用技术确保灌溉用水只在作物需要的地方和时间使用，我们可以大大地减少我们在沙漠中的生态足迹。

森林和灌丛

森林的主要特征是有树木存在，我们可以在降雨量充足、夏季平均气温高于 10℃的地方找到森林，因为这样的气候能够支持树木的生长。森林面积约占地球陆地表面面积的 1/3，如果把所有与森林有关的生物都包括在内，森林中的生物量约占陆地生物量的 70%。生物量是指生物体的总重量。根据森林与赤道的距离不同，森林一般被分为三类：（1）赤道附近的热带森林；（2）南纬 23.5° ～ 50° 和北纬 23.5° ～ 50° 区域的温带森林；（3）靠近极地的北方针叶林。

第一，热带森林。在地球的赤道地区曾经发现过大片的热带森林。热带森林具有丰富的生物多样性，10 000 平方米的热带森林可能包含多达 750 个树种。

关于热带森林物种为什么如此丰富，一种假设是它们接收的太阳辐照度高。由于能量高，许多物种的种群可以在相对较小的区域内生存。如果把可用的能量比作比萨的话，比萨越大，就可以填饱越多人的肚子。

高能量和高水位同时支持热带森林中巨大树木的生长。大部分阳光在到达地面之前就被植物吸收了，因此大多数生物都适应了在高高的树梢上生存。生活在热带森林中的动物能够在树枝间自由地飞翔、滑翔或移动，小型植物生长在这些大树的高枝上就能够获得养分和水分。

由于气温较高、水源充足，在热带森林中，废物和死亡生物的分解非常迅速。茂密的植被可以迅速吸收分解者产生的养分，导致土壤中储存的有机物质相对较少。因此，当植被被割除和焚烧后，这些灰肥也只能支持农作物生长 4 ～ 5 年。一旦土壤养分耗尽，一块由热带森林开垦而来的农田就会被废弃，然后人们会用同样的方法开垦一块新的农田。

在热带森林地区的人口中，这种刀耕火种（即烧荒垦田）的农业系统很常见。如果人口数量较少，并且被遗弃的土地有几十年的恢复时间，那么热带森林似乎能够支持几代人的生存。由于热带森林不支持集约化、永久性的农业，因此与温带相比这里的生物群落更为丰富。然而，处于热带地区的国家人口数量的增加使人类足迹呈指数级增长。森林砍伐危及成千上万依靠这种生物群落生存的生物，并威胁到人口的可持续发展。

第二，温带森林。在季节性冻结温度会对热带植被产生限制的地方，森林树种以能够适应这些条件的树木为主。以常绿针叶树为主的温带雨林分布在降雨量丰富的地区，诸如美国西北部太平洋沿岸地区。然而，在大多数温带森林中，植物生长的季节有充足的水，足以支持大型树木的生长；但在冬季，低温限制了光合作用，并导致土壤中的水分冻结。

阔叶树比针叶树生长得快，所以它们在夏季有优势。然而，宽阔的叶面会让大量的水分从植物中蒸发掉，所以当冬季水供应有限时，宽阔的叶面可能会导致致命的脱水。为了平衡这两种季节性的挑战，温带森林中的大多数阔叶树已经进化出落叶的习性，这意味着它们每年秋天都会落叶。在准备落叶的过程中，落叶树将封闭树枝和叶子之间的连接处，而在叶子内部，光合作用所必需的叶绿素被分解，其成分被植物重新吸收。在每年 9 月和 10 月，北美东部有着五彩缤纷的秋叶，它们是由叶绿素消失后残留在叶子上的次生光合色素和糖类作用产生的。

从气温开始变暖到落叶树重新长出新叶之间的短暂时间差，为温带森林地面上的植物提供了充分接受阳光的机会。在这些森林里，春天中野花盛开，在高大的落叶树吸收光和水之前，野花就迅速地开花、结果或结出种子。落叶树较薄的叶子会让更多的阳光穿透，森林中因此形成了热带地区缺少的灌木层。森林地面和灌木层统称为森林林下叶层。此外，温带森林的动物分布更均匀，而不是集中在树梢。

在南北战争后的 100 年内，美国东部几乎所有的落叶林地都变成了农田。

然而，在 19 世纪末和 20 世纪初，由于农业生产转移到南部和西部，美国东部的农场被废弃了。这些森林的再生为生态学家提供了一个独特的机会来研究物种的演替规律，即随着时间的推移，不同物种间发生更替。大多数森林中物种的演替遵循可预测的模式。荒芜的生境的第一批占领者是生长迅速且可以大量繁殖的植物，它们能产生大量易于传播的种子。然后这些最先来到这里的植物逐渐地被那些生长较慢、但能更好地得到光照和养分的植物所取代。最终，一块栖息地以一组被称为顶极群落[①]的物种占据，如果没有其他环境因素干扰，其他物种无法取代顶极群落（见图 7–8）。

（a）

（b）

（c）

图 7–8　美国东部森林中的物种演替

注：（a）快速生长的草本植物在废弃的农场上大量繁殖。（b）演替的第二阶段包括茂密的灌木和生长迅速的树木。（c）美国东北部的顶级群落通常是由山毛榉树和枫树组成的。

然而，温带森林生物群落仍然是有着最适宜农业发展的气候的群落，而且随着人口的增长，越来越多恢复中的森林被改造成农场。据世界野生动物基金会（World Wildlife Fund）估计，在世界范围内，只有约 5% 的温带落叶林相对没有受到人类活动的影响。

从事更可持续的农业生产可以减少人类在热带森林和温带森林中的足迹，包括尽量减少消费那些依赖谷物生产的肉类。

---

① 顶极群落是生态演替的最终阶段，是最稳定的群落阶段。一般当一个群落或一系列演替达到与环境处于平衡状态时，演替就不再进行了。在这个平衡点上，群落结构最复杂、最稳定，只要不受外力干扰，它将永远保持原状。

——译者注

第三，北方森林。北方森林以针叶植物为主，针叶植物的种子是球果，而不是花和果实。事实上，北方森林是唯一一个不是以开花植物作为主要植被类型的陆地地区。

北方森林的气候状况包括寒冷、漫长、多雪的冬季和短暂、多雨的夏季。这些森林中的主要针叶树是常绿树，这意味着它们全年都能保持长着叶子的状态。针叶树的叶子是针形的，并且其表面覆盖着厚厚的蜡质外层，这两种适应性都可以减少水分流失，并有助于使树叶上的积雪掉落。它们的常绿习性可能解释了北方森林中针叶树优越于开花树木的原因：针叶树的生长季节很短，在冰雪融化后能够立即开始光合作用，这使得针叶树与生长快但开始光合作用慢的落叶树相比更具优势。

因为北方森林所占据的区域冬季寒冷、夏季短暂，因此那里人口稀少。这些地区代表了地球上一些“最原始”的景观，是驼鹿、狼、山猫、河狸和多种多样的夏季候鸟的家园。然而，尽管北方森林中的人口数量少，但并不能保护其免受人类足迹的影响。这些景观中的树木是重要的建筑材料和纸制品原料，北方森林中普遍存在砍伐树木现象。北美的北方森林似乎正在以不可持续的速度被砍伐，我们可以通过减少对纸张和木材资源的消耗以及更广泛地、更有效地回收这些产品来延缓木材的消耗速度。而美国对纸张和木材资源的消耗远超大多数国家。

温带森林和北方森林也是开采化石燃料的地点。例如，美国东部的阿巴拉契亚山脉蕴藏着丰富的煤炭，这些地区的采矿作业导致了山脉的森林植被被大规模破坏；加拿大北部森林的焦油砂开采已经毁坏了超过 7 000 平方千米的森林，放眼望去是看不到尽头的荒芜的土地。

第四，灌木丛。以木本植物为主的生物群落并不是森林，而是灌木丛，其植被主要由带刺的常绿灌木组成。

漫长、干燥的夏季和频繁的火灾决定了灌木丛的植被特性。事实上，灌木是唯一能适应火灾的植被。有些物种的种子只有在高温下才会发芽。许多灌木植物根系发达，在地上部分被火烧毁后，其根系能够迅速地重新发芽。当火灾被扑灭时，灌木会生长成温带森林。因此，自然选择倾向于那些实际上会引发火灾的灌木，比如迷迭香、牛至和百里香，它们含有的芳香油是非常易燃的。

火可能对包括灌木丛在内的许多生物群落的结构和功能起到重要作用。在美国的南加州，灌木植被的易燃性与快速的城市化过程直接产生了冲突。近年来，该地区经历了广泛而损失惨重的火灾季节，例如，2016 年，加州卡梅尔附近的火灾烧毁了近 567 平方千米土地，造成近 2 亿美元的财产损失。对于这些事件，部分人支持立即灭火而不是任其燃烧的举措。但事实上，这样的策略可能会导致燃料的积累和更严重的火灾，这对人类和荒地都会造成毁灭性的灾难。美国南加州的防火政策，加上人类对地中海沿岸灌木丛长期以来的改造，使这个生物群落成为地球上受到威胁最大的生物群落之一。

房屋开发策略也可以减少灌木丛景观中的人类足迹。高密度的居住区，让较多的人口居住在较小的区域，可以防止灌木丛生境因城市扩张而被破坏的情况。所谓的城市扩张就是在城市地理范围之外发展郊区居住区。尽量减少城市在灌木丛区域的扩张也会使火灾管理变得更加简单。

草原

草原是指以非木本的草类为主、很少有或没有灌木或树木的地区。这些生物群落所占据的地理区域降水极其有限，无法支持木本植物的生长，这些条件对于种植诸如小麦和玉米等主要粮食作物，甚至一些需水量较小的植物都很理想。

热带草原一般位于北纬 30° 和南纬 30° 左右的赤道热带雨林和沙漠之间，

被称为热带稀树草原，其特点是有分散的少量树木。热带稀树草原是通过定期的火灾或清理来维持的。在干湿季节分明的地区，每年在干燥季节发生的火灾会杀死木本植物；在大象和其他大型食草动物存在的地区，这些动物对树木造成的破坏有助于维持草地的广阔。

因为食草动物啃食植物的顶部，所以这些环境中发生的自然选择有利于那些生长高度保持在地面附近或地面以下的植物，诸如草。草是从根部生长出来的，所以放牧（或割草）等同于给草理发，是修剪而不是破坏。而木本植物是从顶端生长的，所以密集的放牧会破坏这些植物。

虽然放牧哺乳动物是热带稀树草原的特征，但由于人们在这些生境中引入了大量的牛群，已经使得这片土地从草原变成了裸露的沙质土壤，这个过程被称为荒漠化。例如，在非洲中部的萨赫勒地区，过度放牧所造成的荒漠化已经摧毁了数千平方千米的热带稀树草原。

温带草原生物群落通常分布在沙漠地带的北部和南部或温带山脉的雨影区，包括高草北美大草原和矮草干旱草原。一般来说，植被的高度与降水量相对应，降水量越大，草长得越高。这些景观通常是平坦的或轻微起伏的，没有树木。

在较冷的温带地区，生物分解相对缓慢，北美大草原和干旱草原的土壤中都富含部分腐烂植物的残留物，这些土壤为农业提供了良好的基础。由于这个原因，大部分原生北美大草原和干旱草原都被开垦和种植了农作物。北美只剩下不到 1% 的原生大草原。也许减少人类在草原上的生态足迹最有效的方法是，采用那些较少依赖以谷物饲养的肉类来获取能量的、更可持续的、影响较小的农业作业和饮食习惯。

Q3 人类如何减少对水域的破坏？

几乎所有的人都生活在地球的陆地表面，其中大多数人生活在主要的水域附近，他们既受到这些水生系统的影响，同时也把生态足迹留在这些水生系统中。但这些足迹多数会带来污染，好在人类已经在反省，并努力改变现状。

除了房屋、道路、生产设施和垃圾场这些大多局限于地球陆地表面的地区之外，现今，人类的足迹也遍布陆地的每一处生物群落。看似人类成了陆地的霸主，但实际上陆地生物群落正在遭受不同程度的破坏。

淡水

淡水的特点是盐浓度低，含盐量一般不到总水量的 0.1%。科学家主要研究的三种淡水生物群落是：湖泊和池塘、河流和溪流以及湿地。

第一，湖泊和池塘。内陆的水域，即被陆地包围的水域，被称为湖泊或池塘。尽管没有标准规定水域被划分为湖泊和池塘所需达到的面积标准是多少，但是一般来说，池塘比湖泊小。有些池塘由于太小会出现季节性干涸。这些池塘在春季时对于青蛙、蝾螈和各种生活在水里的昆虫的成功繁殖起到了至关重要的作用。

湖泊和池塘的水生环境可以分为不同的区域：一是湖面和近岸区域，这些区域通常比较温暖，有较多光照，因此生物较多；二是深水区域，这些区域黑暗、低氧、寒冷，主要是分解者的家园。温带地区湖泊的生物生产力因季节性湖水流动而变化，在一年中这些时候，气温的变化和稳定的风会导致水的混合，将湖底的养分重新带到湖面，并将新鲜的氧气从湖面带到更深的水域（见图 7–9）。

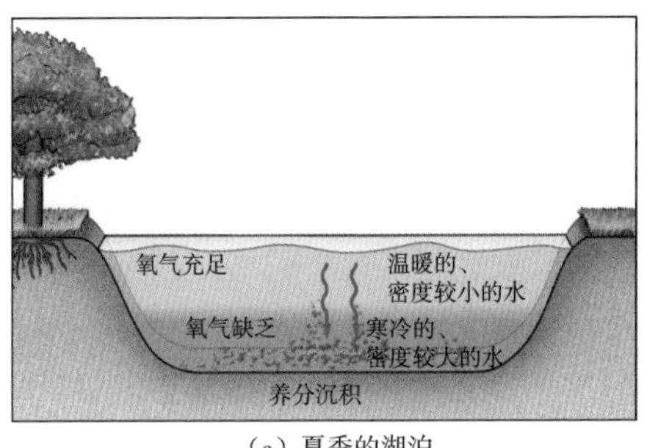

（a）夏季的湖泊

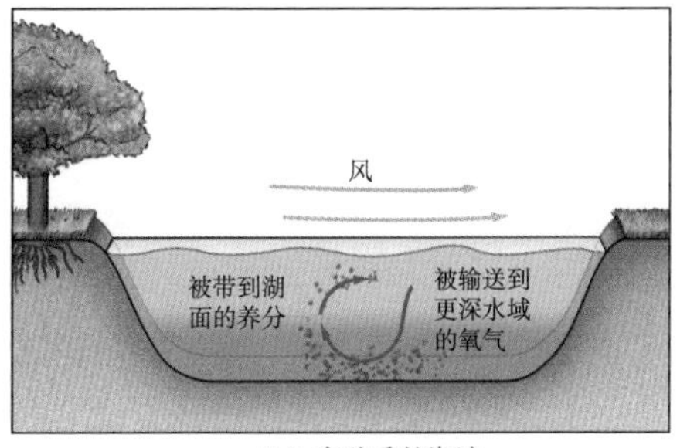

（b）春秋季的湖泊

图 7-9　湖泊中的季节性变化

注：（a）夏季时湖泊中的养分分布情况是稳定的，更深水域中水的含氧量随着湖面附近的养分含量的下降而减少。（b）秋季和春季湖泊中的养分和氧气因季节性的湖水流动而混合，为藻类生长提供原料。

在靠近湖泊和池塘的农田和住宅草坪上施用化肥会导致藻类的数量增加，因为化肥的养分会渗入水中。人类通常也会将废物排放到附近的水域中，即使是在拥有污水处理系统的经济发达地区，也会有大量的废水被排放。具有讽刺意味的是，养分过多会导致这些水域的“死亡”，这一过程被称为富营养化。富营养化的发生是因为大量藻类催生了大量的微生物分解者，而微生物分解者消耗了水中大量的氧气，从而致使本地水域中的鱼类窒息而亡。

淡水湖中的生命也可能受到酸雨的威胁。酸雨是由于严重的空气污染而导致的酸性物质含量较高的降水。在无法平衡 pH 变化的湖泊中，酸雨会导致湖泊水的 pH 降低，引发部分敏感的物种灭绝。美国东北部各州之前就存在酸雨问题，而美国的反污染立法的实施已经对酸雨问题产生了积极影响，但是对于环境污染法规不那么严格的国家而言，酸雨仍然是一个重大问题。

第二，河流和溪流。河流和溪流是朝一个方向流动的水域。这些水道按其长度可以划分为几个区域：靠近水源的源头、中游和汇入另一水域的河口。

由于河流的源头通常是在源头湖、地下泉或融化的积雪附近，因此水温较低，而且水流通常由于流量小而流动迅速。由于这些原因，河流源头的水含氧量高，为冷水鱼类，诸如美国和欧洲的鳟鱼，提供了理想的生境。在河流中游附近，河流宽度会增大，因此，河流流速变慢。相对于水的源头而言，阳光使这里的水变得更为温暖。在中游地区，河流滋养的鱼类、爬行动物、两栖动物和昆虫物种的多样性也增加了，因为温暖的河水为它们的食物——进行光合作用的植物和藻类提供了更好的生境。在河口，水流的速度更慢了，水中携带的沉积物，诸如土壤和其他微粒等的数量也很多。大量的沉积物使得水中的光量减少，这也导致在河口生存的光合作用生物的多样性有所减少。那里的氧含量也通常较低，因为分解者的活动相对于光合作用增加了。在河口发现的许多鱼都是食底泥鱼，比如鲤鱼和鲇鱼，它们以流动的水中携带的有机物尸体为食。

随着水坝和运河的开发，河流和溪流面临着大规模的破坏。水坝为水力发电厂或化石燃料发电厂提供了冷却蓄水池，而运河可以使船只航行顺畅。这些水域也受到破坏湖泊的污染物的威胁。由于淡水湖和河流是大多数人口的主要饮用水来源，如果受到污染可能会造成严重的后果。由于接触受废物污染的饮用水而引起的霍乱和痢疾等肠道疾病每年造成了 200 多万名 5 岁以下儿童的可预防性死亡。

第三，湿地。支持挺水植物或水面水生植物的静水区域被称为湿地。湿地所支持的物种数量可与热带雨林相媲美。湿地有很高的生物生产力，因为被冲入这一区域的土壤和有机物质积聚在那里，导致这里的养分含量很高（见图 7–10）。

湿地除了是生物工厂，它们还因为可以减缓水流而有益于生物的健康和安全。缓慢的水流降低了洪水发生的可能性，并且可以在水流进入湖泊或河流之前使沉积物和污染物沉淀下来。

自从欧洲人在美洲大陆定居以来，大陆上有超过 50% 的湿地已经因为填埋、排干或其他方式退化。尽管过去几十年所通过的法案有效减缓了美国湿地流失的速度，但美国每年仍有大约235平方千米的湿地生物群落遭到破坏。

图7-10 湿地

注：湿地往往位于地势较低的地方，因此积聚了从周围土壤中流失的养分。这些养分支持着这些生物群落中的动物和植物的多样性。

减少在所有这些淡水生境中的人类足迹的行动包括更有选择性地使用化肥、减少化石燃料的使用、更有效地处理人类废水，以及限制城市扩张。

咸水

大约75%的地球表面被咸水或海洋生物群落覆盖。海洋生物群落可分为三种类型：海洋、珊瑚礁和河口。

第一，海洋。海洋虽然占据地球表面约2/3的面积，其中却有着最不为人所知的生物群落。事实上，它可以被看作不断变化的不同环境的组合体，这些环境因温度、养分的可利用性和海底深度的变化而变化。海洋学家通常将海洋细分为三个区域：开阔的海洋、潮间带和光线无法穿透的深海区域。

地球大气中超过50%的氧气是由开阔海洋中进行光合作用的单细胞浮游生物产生的。开阔的海洋也是地球上大部分淡水的来源，因为从海洋表面蒸发的水分子凝结成雨或凝固成雪落在邻近的陆地上，最终流入湖泊、池塘、河流和小溪。

进行光合作用的浮游生物是海洋食物链的基础，为浮游动物之类的微小动物提供能量，而浮游动物又是鱼、海龟甚至蓝鲸等大型海洋哺乳动物的食物。这些捕食者又是另一群捕食者的食物，包括鲨鱼和其他捕食性鱼类以及栖息在海洋中的鸟类，比如信天翁。

与湖泊不同的是，海洋中有潮汐，这是由月球的引力引起的有规律的水位波动。由于潮汐的缘故，海岸附近形成了独特的生境，被称为潮间带。潮间带在涨潮时位于水下，在退潮时暴露在空气中。潮间带的生物必须能够在它们经历的日常波动和巨浪中生存下来。诸如洞穴建筑、坚固的锚固结构、锁水、凝胶状的外层涂层等适应性改造使动物和海藻能够充分利用沿岸的高养分环境。

海洋也有一个被称为深海平原的生境，即深海平原。在这些地区，阳光无法穿透，温度可能非常低，压力巨大。由于这些环境条件，曾经被认为是没有生命的深海平原却蕴含着数量惊人的生命，支撑其中的生态循环的养分主要来自海洋上层降雨。在 20 世纪 70 年代，研究深海的人员发现了一个前所未知的生态系统，这个生态系统由细菌支撑运转，这些细菌利用海底火山喷口喷出的硫化氢作为能量来源。处于这个生态系统中的动物要么直接以细菌为食，要么与细菌共同进化出一种互惠关系，在为细菌提供生存空间的同时，受益于细菌的新陈代谢。深海平原是地球上最后一个未被人类开发的主要领域。

海洋虽然广阔，却留下了巨大的人类生态足迹，海洋中的鱼类资源被过度开发。最近的预测发现，在过去的 50 年里，由于捕鱼压力，广阔海洋中的物种多样性大约已经下降了 50%。海产品的收获可以以更具可持续性的方式进行：捕捞海产品时改进技术，减少废弃物，让消费者选择购买市场上具有可持续性的海产品，只有这样才可以减少我们在海洋中的生态足迹。

第二，珊瑚礁。珊瑚礁的不同寻常之处在于，其生境的结构不是由地质特征决定的，而是由生境中占主导地位的珊瑚所排出的矿物质构成的。珊瑚的结构非常简单，但它们有着独特的生活方式：从水中过滤食物，但也从体内寄生的光合藻类中吸取养分。高达 90% 的珊瑚所需的养分是由海藻提供的，作为回报，海藻可以在受保护的地方进行光合作用，并且获取珊瑚的养分和 CO_2。造礁珊瑚生活在巨大的无性繁殖躯体中，每一个单独的珊瑚都会分泌石灰岩骨架来保护自己不受其他动物的伤害和海浪的影响。

珊瑚礁遍布热带地区温暖而光线充足的水域，其复杂的结构和较高的生物生产力使其成为最具多样性的水生生境，每片遍布珊瑚礁的区域的物种多样性可与陆地上热带雨林相匹敌。

珊瑚礁对环境条件很敏感，容易发生“白化”。当宿主珊瑚失去与它们共生的藻类同伴时，就会发生白化。没有了进行光合作用的共生动物，这些珊瑚可能会饿死。导致珊瑚礁白化的原因有很多，但近几年发生的事件似乎与海洋温度升高有关，其中包括澳大利亚的大堡礁。在 2016 年，大堡礁北部约 250 千米长的一段珊瑚礁有 2/3 发生了白化。虽然珊瑚礁可以从白化中恢复，但气候变化导致的全球气温升高可能导致珊瑚礁白化和特别敏感的珊瑚礁系统的死亡发生得更频繁。通过改用太阳能和风能等可再生能源来减缓全球变暖，可能有助于减少人类对珊瑚礁的影响。

第三，河口。淡水河汇入海洋的地区称为河口。淡水和海水相混合，再加上潮汐产生水位波动，创造了一个极其多产的生境。在美国，人们所熟知的具有重要经济价值的一些河口包括位于佛罗里达州西部的坦帕湾（Tampa Bay）、西北部的太平洋普吉特湾（Puget Sound）和东部大西洋沿岸平原的切萨皮克湾（Chesapeake Bay）。

河口为 75% 的商业鱼类和 80% ～ 90% 的观赏鱼类的幼苗提供了生境，因此这片区域有时被称为“海洋托儿所”。河口也是螃蟹、龙虾和蛤蜊等贝类的丰富来源地。河口周围的植被，包括由湿地植物组成的广阔盐沼，提供了一个能够稳定海岸线和防止侵蚀的缓冲区，因为与淡水相比，这些湿地植物可以承受较高的盐浓度。不幸的是，河口也受到人类活动的威胁，包括肥料污染加剧造成的富营养化以及住宅和度假胜地的开发造成的直接破坏。许多可以减少对淡水生物群落的影响的策略也同样适用于河口地区，这包括通过降低谷物饲养的肉类产量来减少化肥的使用，以及减少化石燃料的消耗，例如阻止城市扩张。

如何减少人类的生态足迹 正如我们在本章中所发现的那样，人类居住区可能对周围环境和远处的自然生物群落有严重的影响。然而，我们也讨论了这些影响中有多少可以通过有预见性的规划和技术的改进得到缓解。在过去，我们已经成功地做到了这一点。例如，在美国，分别于 1970 年和 1972 年通过的《清洁空气法案》（*Clean Air Act*）和《清洁水法案》（*Clean Water Act*）等法律大大地减缓了空气污染和水污染，并有助于恢复曾经严重受损的生境。

在这些成功案例的激励下，世界各地的人们积极支持旨在创建具有经济活力和环境智慧的可持续发展社区的行动。我们的生活方式对环境的影响不是一个定值，它也未必与我们的经济地位或幸福指数密切相关。英国人在经济水平上与美国人接近，但人均生态足迹比美国人低 2/3。这种差异主要是由两个因素造成的：能源消耗和饮食消费。美国的人均能源消耗较高，因为美国的住房规模更大，美国人对汽车的依赖更大；而在饮食方面，美国的人均牛肉消费量比英国多 70%。人们对自己的生态足迹了解得越多，他们就越愿意采取行动来减少它。

表 7-2 提出的一系列问题将帮助你更多地了解你的生物区，即你的居住地的自然组成成分。通过了解我们的生物学邻居，并了解我们的选择将如何影响这些生物体，我们也能受到启发从而减少自己的生态足迹。

表 7-2　了解你的生物区

环境因素	你的生物区
气候	描述你的居住地的气候，包括一年中的平均气温、平均降水量、平均晴天天数和季节名称。哪些全球因素和本地因素影响了你的居住地的气候？
植被	描述你的居住地的原生植被。现存的原生植被有多少？哪些植被取代了它们？哪些生态因素（气候、火灾等）影响了原生植被类型？
水生生境	离你最近的水生生境是什么？你能说出这些生境中的一些优势物种吗？在你生活的地区，这些生境面临着什么样的威胁？
能源资源	你家里用电的主要来源是什么？你的生物区是否富含对环境无害的能源资源？
食物资源	你的生物区生产什么农产品？购买当地生产的食物容易吗？
自然资源	你的生物区有哪些自然资源？
废水和污水	你家的废水流向了哪里？你的社区在处理废水和污水方面存在问题吗？
垃圾	你产生的垃圾去了哪里？你所在社区中的废物回收率是多少？可以改善吗？
空气质量	你所在社区的空气质量如何？主要的空气污染物及其来源是什么？

要点回顾

BIOLOGY : SCIENCE FOR LIFE >>>

- 限制人类居住区更重要的因素是食物供应，除了那些过多依赖海洋食物的人口外，人们需要集中生活在最适合农业生产的地区。
- 也许减少人类在陆地上的生态足迹最有效的方法是，采用那些较少依赖以谷物饲养的肉类来获取能量的、更可持续的、影响生态的农业作业和饮食习惯。
- 减少人类在所有淡水生境中的生态足迹的行动包括更有选择性地使用化肥、减少化石燃料的使用、更有效地处理人类废水以及限制城市扩张。
- 提高公民和社区对其生物区和自身生态足迹的性质的认识，可以帮助他们设计出以更可持续的方式支持人类活动的方法。

未来，属于终身学习者

我们正在亲历前所未有的变革——互联网改变了信息传递的方式，指数级技术快速发展并颠覆商业世界，人工智能正在侵占越来越多的人类领地。

面对这些变化，我们需要问自己：未来需要什么样的人才？

答案是，成为终身学习者。终身学习意味着永不停歇地追求全面的知识结构、强大的逻辑思考能力和敏锐的感知力。这是一种能够在不断变化中随时重建、更新认知体系的能力。阅读，无疑是帮助我们提高这种能力的最佳途径。

在充满不确定性的时代，答案并不总是简单地出现在书本之中。“读万卷书”不仅要亲自阅读、广泛阅读，也需要我们深入探索好书的内部世界，让知识不再局限于书本之中。

湛庐阅读 App：与最聪明的人共同进化

我们现在推出全新的湛庐阅读 App，它将成为您在书本之外，践行终身学习的场所。

- 不用考虑“读什么”。这里汇集了湛庐所有纸质书、电子书、有声书和各种阅读服务。
- 可以学习“怎么读”。我们提供包括课程、精读班和讲书在内的全方位阅读解决方案。
- 谁来领读？您能最先了解到作者、译者、专家等大咖的前沿洞见，他们是高质量思想的源泉。
- 与谁共读？您将加入优秀的读者和终身学习者的行列，他们对阅读和学习具有持久的热情和源源不断的动力。

在湛庐阅读 App 首页，编辑为您精选了经典书目和优质音视频内容，每天早、中、晚更新，满足您不间断的阅读需求。

【特别专题】【主题书单】【人物特写】等原创专栏，提供专业、深度的解读和选书参考，回应社会议题，是您了解湛庐近千位重要作者思想的独家渠道。

在每本图书的详情页，您将通过深度导读栏目【专家视点】【深度访谈】和【书评】读懂、读透一本好书。

通过这个不设限的学习平台，您在任何时间、任何地点都能获得有价值的思想，并通过阅读实现终身学习。我们邀您共建一个与最聪明的人共同进化的社区，使其成为先进思想交汇的聚集地，这正是我们的使命和价值所在。

CHEERS

湛庐阅读 App 使用指南

读什么

- 纸质书
- 电子书
- 有声书

与谁共读

- 主题书单
- 特别专题
- 人物特写
- 日更专栏
- 编辑推荐

怎么读

- 课程
- 精读班
- 讲书
- 测一测
- 参考文献
- 图片资料

谁来领读

- 专家视点
- 深度访谈
- 书评
- 精彩视频

HERE COMES EVERYBODY

下载湛庐阅读 App
一站获取阅读服务